Application Migration with Container-native virtualization

OpenShift Virtualization サーバ仮想化
実践ガイド

石川 純平／大村 真樹=著

インプレス

● **本書の利用について**

- 本書の内容に基づく実施・運用において発生したいかなる損害も、株式会社インプレスと著者は一切の責任を負いません。

- 本書の内容は、2025 年 3 月の執筆時点のものです。本書で紹介した製品／サービスなどの名称や内容は変更される可能性があります。あらかじめご注意ください。

- Web サイトの画面、URL などは、予告なく変更される場合があります。あらかじめご了承ください。

- 本書に掲載した操作手順は、実行するハードウェア環境や事前のセットアップ状況によって、本書に掲載したとおりにならない場合もあります。あらかじめご了承ください。

● **商 標**

- OpenShift は、Red Hat Inc. の米国およびその他の国における登録商標または商標です。

- Red Hat および Red Hat をベースとしたすべての商標は、米国およびその他の国における Red Hat Inc. の商標または登録商標です。

- Linux は、Linus Torbalds の米国およびその他の国における商標または登録商標です。

- Kubernetes は、米国およびその他の国における The Linux Foundation の商標または登録商標です。

- Amazon Web Services およびその他の AWS 商標は、米国およびその他の諸国における Amazon.com Inc. またはその関連会社の商標です。

- その他、本書に登場する会社名、製品名、サービス名は、各社の登録商標または商標です。

- 本書に記載されているシステム名、製品名などには、必ずしも商標表示 (®、©、^{TM}) は付記しておりません。

- 本書で使用しているアイコンは、Red Hat Inc. が提供し、クリエイティブ・コモンズ 4.0 の国際ライセンス (CC BY 4.0) に基づいてライセンスされています。

    詳細については、ライセンスの規約に従って、以下の情報をご参照ください。

    https://www.redhat.com/en/about/brand/standards/icons/standard-icons

はじめに

　本書を手に取って頂きありがとうございます。この本はコンテナ基盤上で仮想マシンを実行する OpenShift Virtualization についての実践ガイドです。

　Docker や Kubernetes といったコンテナ技術が登場してから 10 年以上が経過し、多くのアプリケーションが開発や運用の効率化を求めコンテナとしてパッケージ化され、コンテナ基盤上で実行されてきました。CNCF（Cloud Native Computing Foundation）を始めとするオープンソースのエコシステムでは、クラウドネイティブなアプリケーションを推進するさまざまなソフトウェアが開発されており、コンテナ技術の普及は今後も進み続けるでしょう。

　その一方で、世の中のすべてのアプリケーションがコンテナで実行されるかというとそうではなく、多くの企業や組織には、依然として仮想マシンとして実行されているアプリケーションが数多く存在します。たとえば、利用中のソフトウェアパッケージが仮想マシンでの実行のみをサポートしていたり、現状の機能維持のみを目的とした、いわゆる塩漬けにされているシステムなど、さまざまな理由が挙げられるでしょう。それでは、こうした仮想マシンは、オープンソースエコシステムで開発されている新たなテクノロジーの恩恵を受けることができないのでしょうか。

　OpenShift Virtualization は、まさにこうした仮想マシンの実行を、最新のクラウドネイティブ技術を用いて効率的に実行する新しいタイプの仮想基盤です。ベースとなるのは、CNCF のプロジェクトの一つである KubeVirt であり、そちらがレッドハット社が提供する Kubernetes のディストリビューションである、OpenShift Container Platform 上の一機能として提供されています。OpenShift Virtualization を OpenShift 上で利用することで、コンテナと仮想マシンの両方を、単一のプラットフォームで実行し、管理できます。

　本書では、OpenShift Virtualization を実行する環境を準備し、実際に手を動かしなら操作することで、実践を通して OpenShift Virtualization への理解を深めていきます。最初の環境構築から、仮想マシンの作成、実行を含め、ステップバイステップで必要なプロセスを紹介するため、初めて触れる方でも理解しやすい内容となっています。本書の内容を理解することで、OpenShift Virtualization により仮想基盤を構築し、運用するための必要な知識を身に付けることができます。

　コンテナ型の仮想化に興味がある方や、新しい仮想基盤への移行を検討中の方などは、ぜひ本書を通じて、OpenShift Virtualization による新たな仮想基盤の世界を体験してください。

2025 年春

著者代表 石川 純平

本書のターゲットと前提知識

　本書は、組織の中で仮想基盤の管理を実施している方や、そうした基盤のユーザとして、仮想マシンを利用している方を主なターゲットとして想定しています。そのため、仮想マシンについての基本的な概念や、ネットワークやストレージといったインフラについての基礎知識があることを前提としています。

　また、OpenShift Virtualization の機能は、コンテナ・オーケストレータである Kubernetes 上で提供されます。本書では、コンテナや Kubernetes の基本的な概念や知識について深く取り扱わないため、そちらについて詳しくないという方は、以下の書籍などを参照し、本書を読み進めてみてください。

- 『Kubernetes 完全ガイド 第 2 版』（インプレス社）
- 『Kubernetes 実践ガイド』（インプレス社）

本書の構成

　本書は全 8 章で構成されています。第 1 章では、仮想マシンとコンテナの歴史を振り返りながら、コンテナ型の仮想化によるメリットを確認します。2 章から 4 章では、OpenShift Virtualization を実行するのに必要な環境を構築し、テンプレートに基づく仮想マシンの基本的な実行から、さまざまなカスタマイズを加えた仮想マシンの実行方法を学びます。5 章では仮想マシンを構成するさまざまなリソースの詳細な設定方法を理解し、6 章ではこれまでの内容の応用として、仮想マシン上でアプリケーションの実行、公開を行います。7 章では異なる仮想基盤から OpenShift Virtualization への移行を支援するツールについて確認し、最後の 8 章では仮想基盤のモダナイゼーションに関する全体戦略について理解します。

　基本的には第 1 章から順番に読み進めて頂くことをお勧めしますが、気になるトピックがあれば個別の章ごと確認頂くこともできます。また、実際に手を動かす部分に集中したい方は、2 章→ 3 章→ 4 章→ 6 章、と読み進めていくことをお勧めします。

実行環境

　本書では、環境を操作するためのコマンドの実行や、Web ブラウザから GUI による操作を行います。内容についてあらゆる環境でテストを行うことは難しいため、本書執筆時点の筆者の環境を以下に示します。環境を起因としたエラーが疑われる場合は、以下の情報をもとに自身の環境を見直してみてください。

- OS: macOS Sonoma 14.7.1
- CPU: Apple M3 Pro
- Memory: 36GB
- 利用ブラウザ: Google Chrome 131.0.6778.86

本書のコード

　本書の各章で紹介するスクリプトや、yaml ファイルなどは、以下の Git リポジトリに保存しています。自身が利用する作業端末にリポジトリをクローンし、本書の指示に従って必要なコマンドを適宜実行してください。

- OpenShift Virtualization Tutorial

https://gitlab.com/cloudnative_impress/openshift_virtualization_tutorial

```
## 本書のリポジトリのクローン ← コメント
$ git clone https://gitlab.com/cloudnative_impress/openshift_virtualization_tutorial
```

謝辞

　本書を執筆するにあたり、企画の段階から執筆、編集に至るまで多大なるご支援を頂いた北山様、土屋様には深くお礼申し上げます。お二人のご尽力のおかげで無事出版まで辿り着くことができました。本当にありがとうございます。

　また、本書のレビューに参加頂いた皆様にも深く感謝いたします。仕事やプライベートで多忙の中、多くの経験と知識を持つ皆様の協力のおかげで、本書の内容をより良いものとすることができました。

- 宇都宮 卓也 様
- 北山 晋吾 様
- 平 初 様
- 塚本 正隆 様
　（五十音順）

　最後に Red Hat の多くの同僚達にも感謝いたします。素晴らしいアイデアを認め合い、積極的に知識を共有する姿勢は、まさしく Open Source Way を実践する Red Hat の素晴らしさだと感じます。これなくして本書は完成できなかったでしょう。皆様の考え方や知識を、本書を通じて世の中に発表できることを誇りに思います。

✹目次✹

はじめに・・・3

    本書のターゲットと前提知識・・・・・・・・・・・・・・・・・・・・・・・・・・・・・・・・・・・・4

    本書の構成・・4

    実行環境・・5

    本書のコード・・5

第1章　　KVM と仮想化技術の基礎知識・・・・・・・・・・・・・・・・・・・・・11

    1-1　　IT インフラの仮想化・・・・・・・・・・・・・・・・・・・・・・・・・・・・・・・・・12

    1-2　　仮想マシンとコンテナ・・・・・・・・・・・・・・・・・・・・・・・・・・・・・・13

    1-3　　Kubernetes の登場・・・・・・・・・・・・・・・・・・・・・・・・・・・・・・・20

    1-4　　クラウドネイティブな仮想化基盤・・・・・・・・・・・・・・・・・・・・27

    1-5　　まとめ・・32

第2章　OpenShift Virtualization の導入 ･･････････････ 33

2-1　KubeVirt のアーキテクチャ ･･････････････････････ 34

2-2　本書で構築する環境 ･･････････････････････････ 40

2-3　アカウントの準備（AWS / Red Hat） ･･････････････ 41

2-4　OpenShift クラスタの構築 ･･････････････････････ 45

2-5　OpenShift Data Foundation のインストール ･････････ 59

2-6　OpenShift Virtualization のインストール ･･････････ 61

2-7　まとめ ･････････････････････････････････････ 64

第3章　OpenShift Virtualization で管理する仮想マシン ････ 65

3-1　仮想マシンを構成する要素 ･･･････････････････････ 66

3-2　仮想マシンの作成 ･･････････････････････････････ 69

3-3　ディスクイメージ ･･････････････････････････････ 83

3-4　まとめ ･･････････････････････････････････････ 94

第4章 仮想マシンのカスタマイズ 95

4-1 カスタマイズした仮想マシンの作成 96

4-2 カスタマイズ結果の確認 113

4-3 仮想マシンの状態管理 123

4-4 仮想マシンのライブマイグレーション 143

4-5 まとめ 149

第5章 リソース制御と管理 151

5-1 コンピュートリソースの割り当て 152

5-2 コンピュートリソースの設定 167

5-3 Storage の設定 175

5-4 Network の設定 184

5-5 まとめ 199

第6章　アプリケーションの実行と公開 · 201

6-1　アプリケーションの実行 · 202

6-2　セカンダリネットワークを利用したアプリケーションの実行 · · 212

6-3　アプリケーション実行の自動化 · · · · · · · · · · · · · · · · · 219

6-4　まとめ · 226

第7章　仮想マシンの移行 · 227

7-1　仮想マシンの移行環境とツール · · · · · · · · · · · · · · · · · 228

7-2　仮想マシンの移行作業と確認 · · · · · · · · · · · · · · · · · · 237

7-3　まとめ · 249

第8章　仮想マシン移行戦略 · 251

8-1　仮想基盤の移行におけるプラクティス · · · · · · · · · · · · · 252

8-2　OpenShift Virtualization に移行する意義 · · · · · · · · · · · 259

8-3　まとめ · 264

索引 · 265

第1章
KVM と仮想化技術の基礎知識

　本章では、現代の IT インフラを構成する技術として欠かせない仮想化について、その登場の歴史的な背景や意義について説明します。

　仮想化は限られた物理サーバを効率的に運用するために登場しましたが、従来型のハイパーバイザや仮想マシンは、コンテナ仮想化の登場によってその役割が変わりつつあります。これら仮想マシンとコンテナによる異なる仮想化を統一し、両者の橋渡しになるとして注目される技術が「KubeVirt」です。

　本章では KubeVirt 登場の背景や技術的な仕組みの理解を目的とし、そのために必要な土台となる「KVM 仮想化」「コンテナ」「Kubernetes」について説明します。

　KubeVirt について理解することは、企業における今後の IT インフラのあり方を検討する上で非常に有用です。たとえば、アプリケーションのモダナイズ計画を推進する上でコンテナ化しやすいコンポーネントと、仮想マシンで運用を継続したいコンポーネントが混在している場合、双方を Kubernetes で管理できます。

　本章を読み進めることで、KubeVirt が企業の IT インフラのあり方にどのような影響を与え、ビジネス上の価値としてどう活用されるのかについて示唆を得ていただければ幸いです。本章の内容は、続く第 2 章以降の内容を理解する上での土台にもなりますので、しっかり基礎から押さえつつ、「KubeVirt」の魅力や可能性について理解しましょう。

第 1 章 KVM と仮想化技術の基礎知識

1-1　IT インフラの仮想化

　IT インフラの仮想化は、企業が物理サーバという資源（コンピューティングリソース）を効率的に利用する上で有効な手段です。その中でも、コンピュータをエミュレートする「仮想マシン」は、物理サーバを抽象化し、コンピューティングリソースの柔軟な拡張や縮退（スケーリング）を実現してきました。仮想マシンは現在も企業の IT インフラを支える仕組みであり、広い分野で使われています。

　一方、「コンテナ」はアプリケーションの開発とデプロイの近代化（モダナイズ）を実現する技術です。CNCF（Cloud Native Computing Foundation）が提唱するクラウドネイティブの定義[1]の中でも主要な技術要素として取り上げられており、スケーラビリティを持つアプリケーションを開発、運用する上で今や欠かせない技術として捉えられています。

　そしてコンテナオーケストレータの「Kubernetes」の登場によって、ハイブリッドクラウド環境でのアプリケーションの運用が統一化され、自律的な管理が可能になりました。Kubernetes の大きな特徴の一つは、IT インフラ管理を抽象化する能力です。この抽象化により、開発者や運用者は物理的なインフラやクラウドプロバイダに縛られることなく、アプリケーションのデプロイや管理を効率化できます。Kubernetes はプラグインや標準化された API インターフェースを提供することで、さまざまなクラウドリソースを一貫した操作で扱えるようにし、クラウドの利用体験を向上させています。また、Kubernetes の柔軟性と拡張性は、その周辺に広大なエコシステムを形成しました。多くのオープンソースソフトウェア（OSS）や商用ソフトウェアが Kubernetes と連携し、アプリケーションの開発から運用までのプロセスを簡素化しています。このように、Kubernetes は単なるツールに留まらず、クラウドネイティブな開発と運用の標準を確立し、適用範囲を大きく広げ続けています。

　しかし、企業が持つアプリケーションの多くは、いまだ仮想マシン上のワークロードとして存在しています。そうしたアプリケーションも、コンテナ化によるモダナイゼーションやマイクロサービス化を通したアジリティやスケーラビリティ（拡張性）、そしてメンテナビリティ（保守性）の獲得が推進されています。しかし、投資対効果を期待できないレガシーなワークロードや、今後も運用し続ける必要があるものは一定数残り続けるでしょう。また、ステートフルなワークロードを中心として、そもそもコンテナ化に向かない、あるいはコンテナ化の恩恵を受けづらいアプリケーションが存在することも事実です。

　このようにして、一定数は確実に残り続けるであろう「仮想マシン」と、今後も拡大する「コンテナ」の領域を、統一的かつシームレスに取り扱う技術が「KubeVirt」です。

＊1　https://github.com/cncf/toc/blob/main/DEFINITION.md

● 1-2 仮想マシンとコンテナ

1-2　仮想マシンとコンテナ

　まずは、サーバ仮想化という技術の進展について、大まかにその歴史的な変遷を辿ってみます。その中で、ハイパーバイザ、KVM、そしてコンテナがどのように仮想化を支えてきたのかを確認します。これらがITインフラを構成する主要な要素として広まってきた理由を把握することで、KubeVirtの必要性を理解することにも役立ちます。

1-2-1　仮想化技術の歴史

　そもそもコンピュータの歴史は、仮想化の歴史と歩みをともにしてきたといって差し支えないでしょう。最初のコンピュータ、いわゆる電子計算機と呼ばれるものの歴史は、イギリスの数学者であるアラン・チューリングが提唱したチューリングマシンにまで遡ることができます。

　1940年代の原始的な電子計算機は、ケーブルの抜き差しや紙テープなどを使って人間が指示する必要がありましたが、後に原始的なプログラミング言語であるマシン語やアセンブリ言語の登場によって、人間にとってのコンピュータは対話可能な相手として抽象化されてきました。その後、オペレーティングシステム（OS）の登場により、さまざまなメーカーのコンピュータが持つ固有性が隠蔽され、さらに抽象化が伸展します。

　1960年代の後半からOSと半導体（CPU）性能の向上は、コンピュータの計算能力と利用シーンの両方を驚異的な速度で拡大させていきます。多くの大学や研究機関、そして企業はコンピュータなしにその活動を発展させ、継続させることは困難となり、多数のユーザがそれぞれの目的でコンピュータを使う場面が増えてきます。そこで活用された技術が「タイムシェアリング（Time-Sharing）」です。コンピュータの計算能力を司るCPUは一定のクロック（周波数）で動作しており、ごく短い時間に分割されて処理を実行します。たとえば、1台の車を複数人でシェアするカーシェアリングサービスのように、細かく分割された時間を複数のユーザで共有することで、ユーザから見るとあたかもそれぞれが別個のリソースを専有しているかのような体験ができます。

 Column　さまざまな場面で活用される「時分割多重化」という技術

　コンピュータにおけるタイムシェアリングと同様、あるリソースをユーザや端末間で細かい時間で分割して共有する「時分割多重（time division multiplexing）」という技術は、その他の領域における多重化実現のためにも活用されています。たとえば、移動体通信において端末ごとに時間で分割して無線リソースを共有する方式として「時分割多重接続（Time Division Multiple Access、TDMA）」

第 1 章 KVM と仮想化技術の基礎知識

> が存在します。これは複数の端末が同じ周波数帯を共有し、時間スロット（タイムスロット）を端末ごとに割り当てて通信を行う技術「Time Division Duplex（TDD）」によって実現されます。TDDは第 2 世代移動体通信で実用化された後、第 3 世代以降も活用され、今なお通信経路の多重化による通信速度・容量の向上を実現する技術として活用され続けています。

　このタイムシェアリングの概念は、現在の「仮想化」にも応用される考え方の一つです。さらに、現代の仮想化において重要なもう一つの概念が「リソース分割」です。UNIX 系 OS における「chroot」は、OS 内で稼働するプロセスごとにアクセスできるルートディレクトリを変更するコマンドであり、プロセスごとに用いるファイルやライブラリを隔離する技術です。FreeBSD ではこれをさらに発展させた「Jail（牢屋）」という仕組みによって、プロセスやファイルのみならず、ネットワークや CPU、メモリといったコンピューティングリソースを分離し、単一の物理マシンの中に隔離された仮想的な環境を作り出します。これにより各プロセスを分離し、セキュリティを確保しつつ、コンピューティングリソースを効率的に活用する技術として利用されてきました。なお、この考え方を発展させた「cgroup」と呼ばれるリソース管理機構は、Linux 上で稼働する各プロセスのグループに対して CPU やメモリ、ディスクやネットワーク帯域などのリソースの割り当てができます。このプロセス隔離やリソース割り当ての仕組みは、後述する「コンテナ仮想化」の基盤技術としても活用されることになります。

　このように、OS の登場によって幅広く活用されるようになった「タイムシェアリング」と「リソース分割」を基本として、今日我々が想像する「仮想化」へと続いていきます。

1-2-2　ハイパーバイザと仮想マシン

　単一の物理サーバをあたかも複数台のコンピュータとして動作させる「仮想化」は、コンピューティングリソースの利用効率を向上させ、企業の IT コストの削減に貢献する技術として広く活用されてきました。この仮想化技術の発展を飛躍的に進めたのが「ハイパーバイザ」です。

　ハイパーバイザは、1 台の物理マシン上で複数の仮想マシンを動作させるソフトウェアです。仮想マシンとは、物理マシン上にソフトウェアによって構築された独立した仮想的なコンピュータで、OSやアプリケーションを他の環境と隔離して実行できます。これにより、異なる仮想マシンを並行して動作させ、リソースの無駄を削減します。また、特定のハードウェアベンダに依存することなく物理マシンを更新・交換できるため、運用の柔軟性も向上します。

　さらに、ハイパーバイザは仮想マシンを動的に管理し、必要に応じて CPU やメモリなどのリソースを仮想マシン間で効率よく割り当てます。これにより、負荷の変動にも柔軟に対応できます。

ハイパーバイザは、複数の物理マシンを「クラスタ」として束ねる「クラスタ管理ソフトウェア」と連携し、仮想マシンに高い可用性を提供します。クラスタ管理ソフトウェアが物理マシンの障害を検知した際、その上で動作していた仮想マシンを別の物理マシン上で再起動できます。また、一部の物理マシンの負荷の高まりを検知し、仮想マシンの動作を継続しながら、リソースに余裕のある物理マシン上に移動させるライブマイグレーションを実行します。こうした技術によって、単一の物理マシンに依存した仮想化の欠点を克服しました。

ハイパーバイザやクラスタ管理ソフトウェアの登場により、仮想化技術はITインフラの柔軟性や拡張性を高め、コスト削減や運用効率の向上に大きく貢献しました。企業や研究機関におけるITインフラの発展をさらに後押しする革新的な技術といえます。

1-2-3　ハイパーバイザの種類

ハイパーバイザには大きく2種類が存在します。

■ Type1

Type1 ハイパーバイザは、ホストマシンに直接ソフトウェアをインストールして利用するハイパーバイザです。ホストマシンのハードウェア上で直接稼働し、仮想マシンを管理します。そのため、ホストマシンのコンピューティングリソースを効率的に利用でき、企業のデータセンタやパブリッククラウドサービスで活用されることが一般的です。

Type1 ハイパーバイザ製品としては、VMware ESXi や Microsoft Hyper-V といった商用ソフトウェア、Xen や KVM といったオープンソースのソフトウェアまで幅広く存在します。

■ Type2

Type2 ハイパーバイザは、ホスト OS の上でソフトウェアやアプリケーションとして稼働するハイパーバイザです。デスクトップ PC や個人での利用が一般的とされています。

Column　代表的な仮想基盤用クラスタ管理ソフトウェア

ハイパーバイザと連携して仮想マシンの高可用性を実現するクラスタ管理ソフトウェアについても、商用ソフトウェアからオープンソースのソフトウェアまで幅広く存在しています。ここでは主要な商用クラスタ管理ソフトウェアについて、抜粋して触れておきます。

第 1 章 KVM と仮想化技術の基礎知識

■ VMware vSphere
　ハイパーバイザ製品「VMware ESXi」と連携し、ESXi が展開された物理マシン（ホストマシン）を管理する商用ソフトウェア。世界中の企業や研究機関で幅広く利用されており、クラスタ管理ソフトウェアの代表格。

■ Citrix Hypervisor
　オープンソースのハイパーバイザである Xen を基盤とする仮想化プラットフォームの商用ソフトウェア。旧称は「Citrix XenServer」。Citrix 製品と連携した仮想デスクトップ（VDI）用途でも有名。

■ Red Hat Virtualization（RHV）
　KVM ベースの仮想環境を管理するプラットフォーム。オープンソースのプロジェクト「oVirt」をベースに、Red Hat Virtualization による商用サポートを組み合わせた商用ソフトウェア。旧称は「Red Hat Enterprise Virtualization」。
　なお、Red Hat Virtualization は 2026 年にサポートを終了することを発表済み[2]。Red Hat が後継製品として位置付けているのが、本書の主題でもある「Red Hat OpenShift Virtualization」である。

1-2-4　KVM 仮想化の仕組み

　KVM とは、Kernel-based Virtual Machine の略称です。KVM は Linux を Type1 ハイパーバイザとして利用するための仕組みです。2007 年にリリースされた Linux Kernel（Ver2.6.20）からカーネルモジュールの一つとして取り込まれ、今では多くの Linux ディストリビューションで活用されています。
　KVM 単体ではハイパーバイザとしての動作を実現することはできません。Linux ホスト上でゲストマシンを起動するためには、他にも 2 つの役割が必要です。

■ QEMU

　一つは QEMU です。QEMU はオープンソースのマシンエミュレータであり、各種アーキテクチャのプロセッサ（x86、x86-64、ARM、PowerPC など）のエミュレーションが可能です。また CPU エミュレーションのみならず、コンピュータを構成する主な要素であるメモリや各種 I/O をはじめとしたハードウェア機能をソフトウェアとして再現するシステムエミュレータでもあります。
　QEMU 単体でもベアメタルサーバのハードウェア機能をエミュレートし、それらをゲストマシンに対して利用させる機能を有しています。ただし、ソフトウェアである QEMU では CPU のエミュレー

＊ 2　https://www.redhat.com/ja/blog/openshift-virtualization-not-scary-it-seems

ションにおいてゲストマシンに満足のいく演算能力を提供することが困難でした。

　この課題を解決するのが先述の KVM です。KVM は x86 および x86-64 プロセッサがハードウェアレベルで搭載する仮想化支援機構*3と連携してこの課題を解決しています。ハードウェア仮想化支援機構は、ソフトウェアで行ってきた仮想化の処理の一部をプロセッサが肩代わりすることで、仮想化を効率化するハードウェアレベルの支援機能です。これによって、ホストマシンの機構をすべて QEMUでソフトウェアエミュレーションした場合に比べ、ゲストマシンのパフォーマンスを向上できます。

■ libvirt

　KVM と QEMU の組み合わせによって、Linux ホストは仮想マシンのためのエミュレートされた環境を提供しますが、もう一つの役割として仮想マシンリソースの管理を担うコンポーネントが必要です。それが libvirt です。

　libvirt は、仮想マシンの作成や監視、ライフサイクル管理を統一的に行うための共通 API 群です。その主な役割は、仮想環境におけるリソース管理を簡略化し、仮想ネットワークの構築や仮想マシン同士の連携をサポートすることです。

　ここで、libvirt と KVM/QEMU が連携して動作する仕組みを説明します。

　ホスト OS のカーネル空間（Kernel space）には、各種デバイスドライバが Linux のカーネルモジュールとして実装され、OS 上で実行されるプロセスと、ネットワークアダプタやストレージ、またはキーボードなどの物理デバイスとの間の通信をサポートします。KVM モジュールは x86 および x86-64 プロセッサに搭載されている仮想化支援機構と連携し CPU の仮想化を実現します。

　一方、ホスト OS のユーザ空間（User space）では QEMU がユーザプロセスとして動作し、KVM と連携してホストマシンのハードウェアをエミュレートします。また、libvirt のコンポーネントによって仮想マシンのライフサイクル管理が行われます。

　特に libvirtd（デーモン）は libvirt のコアコンポーネントであり、KVM/QEMU の操作を仲介し、仮想マシンを作成・起動・停止といったライフサイクル管理を実行するとともに仮想マシンの CPU・メモリ・ストレージ・ネットワークなどのリソース管理も行います。さらに、クライアントツールである virsh（コマンドラインツール）や virt-manager（管理コンソールツール）を介して仮想マシンの操作を行う際の API を提供します。

　なお、libvirt は KVM/QEMU のみならず、Xen や VMware ESXi など、多くの主要なハイパーバイザに対応しているため、異なる仮想化技術が混在する環境でも利用可能です。この柔軟性により、さま

＊3　Intel 製 CPU は Intel VT、AMD 製 CPU では AMD-V と呼ばれる仮想化支援機構がハードウェアレベルで実装されている。

ざまな仮想環境において、一貫した仮想マシンのライフサイクル管理を実現します（Figure 1-1）。

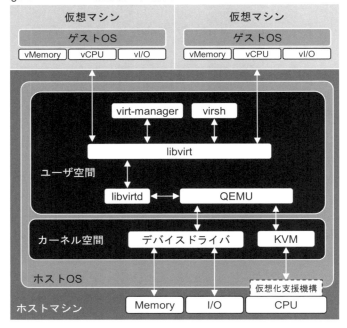

Figure 1-1　KVM仮想化の概念図

　ここまでの内容をおさらいしつつ、KubeVirtにつながる重要な観点を示しておきます。KVM仮想化はLinuxカーネルモジュールであるKVMと、他の2つの役割であるQEMUとlibvirtが連携し実現されます。また、QEMUとlibvirtはLinuxホスト上ではプロセスとして動作しています。「KVM仮想化はカーネルの機能と複数のLinuxプロセスの連携によって実現している」、この点を覚えておいてください。

1-2-5　コンテナによる仮想化

　本書で取り扱うコンテナとは、「アプリケーションおよびその実行に必要な種々のミドルウェアやライブラリを隔離し、パッケージングしたもの」を表します。
　コンテナによる仮想化は、ホストマシンのリソースを複数のインスタンスで共有し、かつ各アプリケーションやプロセス間の隔離性が保たれているという点においては、仮想マシンと同様です。仮想マシンとコンテナにおける決定的な違いは、インスタンスの中にOSのカーネルを含むか否かです。コンテナはインスタンス内にカーネルを包含しておらず、アプリケーションが動作するために必要なラ

イブラリのみを有しています。

ではどのようにコンテナ内部のライブラリは動作するのでしょうか？　それは、ホストマシンの OS のカーネルを各コンテナ間で共用することで実現されます（Figure 1-2）。

Figure 1-2　コンテナによる仮想化の概念図

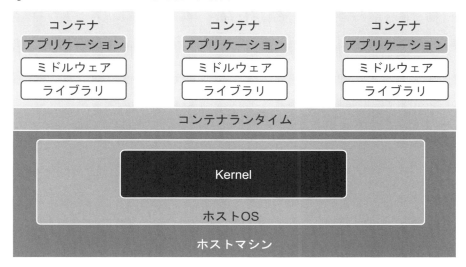

各コンテナはホストマシンのコンピューティングリソースを共有し、コンテナの中に含まれるアプリケーションやミドルウェアが動作するために必要なライブラリの実行は、各コンテナ間でホスト OS のカーネルを共有して実施されます。

Linux のカーネルでは、名前空間（namespace）とコントロールグループ（cgroup）という機能が提供されています。namespace はプロセス間のリソースの隔離を実現し、cgroup はプロセスグループごとのリソース使用量を制御します。namespace と cgroup の機能を応用することで、各コンテナはホスト OS のカーネルを共有しながら、それぞれが独立したプロセスとして実行されます。これにより、コンテナはホストマシンのコンピューティングリソースを分割して利用し、かつセキュリティが確保された独立したインスタンスとして動作できます。これによりコンテナはいくつかの技術的な利点を獲得しています。ここでは、代表的な 3 つの利点について紹介します。

- 集約性

    仮想マシンと異なり、アプリケーションを実行するインスタンスには OS のカーネルが含まれていません。これによりインスタンスのサイズは数十 MB 程度まで小さくできます。その結果インスタンスのオーバーヘッドが削減され、ホストマシンのリソースの利用効率、言い換えればイ

第 1 章 KVM と仮想化技術の基礎知識

ンスタンスの集約率が向上します。

- 俊敏性

  コンテナはホスト OS のカーネルを共有して動作するため、ゲスト OS のブートプロセスが不要です。それはインスタンスの起動に要する時間の短縮につながります。インスタンスの起動に OS 立ち上げの時間が存在しないため、高速起動と停止が実現されます。これはアプリケーションのスケーリングにアジリティが求められるユースケースにおいて、特に有効です。

- 可搬性

  コンテナはホストマシンに展開されたコンテナランタイムによって、起動や停止、削除などのライフサイクル管理が行われます。コンテナランタイムが展開された Linux ホストマシンであれば、同じコンテナをどこへ持っていっても同様に動作します。なぜならば、コンテナの中にはアプリケーションを動かすために必要なミドルウェアやライブラリがパッケージングされており、ホスト OS のミドルウェアやライブラリには依存していないからです。またコンテナはホスト OS のカーネルを共用するため、同じバージョンのカーネルを利用していれば、異なる Linux のディストリビューションであっても、その上で起動するコンテナについて一貫した動作を期待できます。

こうしたコンテナの技術的な利点（集約性、俊敏性、可搬性）は、スケーラビリティが求められるアプリケーションのためのインフラを実現し、複数のクラウドサービスやオンプレミス環境を横断したハイブリッドクラウド環境における一貫性の実現に大きく寄与するものです。

1-3 Kubernetes の登場

前節で触れたコンテナによる仮想化を商用システムに適用するには、まだ不足する存在があります。それは Kubernetes を代表とする「コンテナオーケストレータ」です。

Kubernetes は、2015 年に CNCF の最初のプロジェクトとして寄贈され、オープンソースとして公開されました。現在に至るまで、多くの企業や開発者により開発が続けられています。

コンテナオーケストレータである Kubernetes は、単なるコンテナアプリケーションの稼働環境に留まらず、さまざまな機能を提供しています。代表的なものとしては以下のものが挙げられます。

- 複数の物理マシン、もしくは仮想マシンを「ノード」としてクラスタリングし管理する機能
- コンテナアプリケーションの最適配置（スケジューリング）
- コンテナのヘルスチェック（死活監視）やスケール、ロードバランシング
- 設定ファイル（ConfigMap）や機密情報（Secret）の管理

20

- ノードを横断したオーバーレイネットワークの実現
- ストレージシステムから永続ボリューム（PersistentVolume）をプロビジョニングする仕組みの提供
- アプリケーションのデプロイ

Kubernetes はハイブリッドクラウド環境を横断する、統一化された、次世代の IT インフラ仮想レイヤを体現する存在といえます。

1-3-1　Kubernetes がもたらした世界

Kubernetes は、コンテナアプリケーションを動作させ、管理する上で重要な機能を提供します。その一つが、リソースのコード化です。Kubernetes 上のあらゆるリソースは**マニフェスト**と呼ばれるドキュメントで記述し、定義することが可能です。

Column　Kubernetes の基本的なリソース

Kubernetes 上で扱うことのできるリソースは多種多様ですが、ここでは本書を読む上で必要になる基本的なリソースについて Table 1-1 にまとめます。

Table 1-1　Kubernetes の基本的なリソース

リソース名	詳細
Pod	Kubernetes の基本的なデプロイメント単位で、1 つまたは複数のコンテナが共有するネットワークやストレージの環境を提供する。コンテナは Pod 内で一緒に動作し、同じ IP アドレスを共有する
ReplicaSet	指定した数の Pod を常に稼働状態に保つ Kubernetes リソース。Pod が停止した場合、自動的に新しい Pod を作成して復旧を図る
Deployment	アプリケーションの管理と更新を簡単にするために、ReplicaSet の作成や管理を行うリソース。ローリングアップデートやリソースのロールバック機能を提供する
Service	Kubernetes 内の Pod にネットワークアクセスを提供するためのリソース。動的に変化する Pod の IP アドレスを抽象化し、一定のアクセスポイントを提供する
ConfigMap	設定情報を Kubernetes 内で管理するためのリソースで、環境変数や設定ファイルなどを Pod に渡すことができる。アプリケーションの設定をコードから分離することで、柔軟な管理が可能になる
Secret	パスワードや API キーなどの機密情報を安全に管理するための Kubernetes リソース。データは Base64 でエンコードされ、Pod に環境変数やボリュームとして渡すことができる

第 1 章 KVM と仮想化技術の基礎知識

PersistentVolumeClaim（PVC）	ユーザが必要なストレージ容量やアクセスモードを指定して、PersistentVolume (PV) を要求するためのリソース。PVC が PV にバインドされることで、Pod がストレージを利用できるようになる
PersistentVolume （PV）	Kubernetes クラスタ内または外部ストレージプロバイダに存在する永続的なストレージを抽象化したリソース。ストレージを Pod に提供するためのインフラ側のリソースとして機能する

　マニフェストの実態は YAML という階層構造を持ったデータ表現形式です。YAML ファイルの例として、アプリケーションのデプロイに関するサンプルを見てみましょう（List 1-1）。

List 1-1　YAML ファイルのサンプル

```
apiVersion: apps/v1
kind: Deployment
metadata:
  name: nginx-deployment
  labels:
    app: nginx
spec:
  replicas: 3
  selector:
    matchLabels:
      app: nginx
  template:
    metadata:
      labels:
        app: nginx
    spec:
      containers:
      - name: nginx
        image: nginx:1.14.2
        ports:
        - containerPort: 80
```

　この Deployment では、「NGINX（Ver 1.14.2）のコンテナイメージを用いて、コンテナを 3 つ起動し、80 番ポートでクラスタ内に公開する」と記述しています。これは簡単な Deployment の例ですが、Kubernetes 上で扱うリソースはすべて YAML 形式のソースコードとして記述することが可能です。

　Kubernetes は定義されたとおりのインフラストラクチャを構築します。何か変更があった場合にも、定義された状態との差分を検知し、フィードバック制御によって状態を戻そうとします。この仕組み

22

を制御ループ（Reconciliation Loop）と呼びます。たとえば、稼働している3つのコンテナのうち1つが障害で停止してしまっても、コンテナは再起動され、元の3つの状態に動的に戻されます。このフィードバック制御の仕組みを実現する実態が「コントローラ」です。

　Kubernetesではさまざまなコントローラが連携して機能を実現しています。最も身近なコントローラとしては「ReplicationController」が挙げられるでしょう。ReplicationControllerは、指定された数のPod数が常に実行されていることを保証するコントローラです。なんらかの原因でPod数が指定数から外れた場合、足りない分を起動したり、多い分を削除したりします。こうした標準機能として利用可能なコントローラに加えて、カスタムコントローラを実装して機能拡張を行うことも可能です。

　このようにして、マニフェストによるリソース管理や、コントローラによる自己回復の仕組みが統合されることで、Kubernetesはその機能を実現しています。

■ Kubernetes Operator

　「Kubernetes Operator」は、Kubernetesの機能を拡張するためのフレームワークであり、一般にはKubernetesを省略し「Operator」と呼ばれています。Operatorを利用することで、Kubernetesのソースコードそのものを修正することなく、さまざまな機能を追加することができます。Operatorは独自のAPIを定義し利用するためのカスタムリソースと、それらを操作するカスタムコントローラによって構成され、これによりDeploymentなどの標準リソースを扱うのと同様に、追加されたリソースの管理を可能とします。

　Operatorによって人間が手動で行う運用作業を自動化でき、Kubernetes上でのミドルウェアのインストールや、運用の利便性を向上します。

　Red Hatが提供する「Red Hat OpenShift Container Platform」は、OperatorによりKubernetesプラットフォーム全体を自律的に運用する仕組みを実現しています。OpenShiftでは、「OperatorHub」と呼ばれる機能を介して、クラスタ管理者が各種Operatorをインストールできます。ユーザはOperatorを通じて、パッケージ化されたアプリケーションをKubernetesクラスタにデプロイし、管理できます。

　OperatorHubには、Red Hatが提供するOperatorから、認定ソフトウェアベンダやオープンソースプロジェクトのOperatorまで、幅広いラインアップが登録されています。これらのOperatorをインストールすることで、機能を拡張することが可能です。

　「KubeVirt」をOpenShiftの上で動作する機能として提供する「OpenShift Virtualization」は「OpenShift Virtualization Operator」によって実現されます。

　なお、本書ではより詳細なKubernetesの技術に入り込むことはしません。あくまで「KubeVirt」という技術を理解する上で必要な概要レベルの解説に留めるものとします。Kubernetes自体の詳細につ

第 1 章 KVM と仮想化技術の基礎知識

いては Kubernetes の公式サイト（`https://kubernetes.io/ja/`）などを参照してください。

 Column　Kubernetes クラスタのアーキテクチャ

本書を読み進める上で参考となる Kubernetes クラスタのアーキテクチャや仕組み、主要なコンポーネントについて概要を紹介します（**Figure 1-3**）。

Kubernetes は Linux OS がインストールされた物理マシンや仮想マシンをクラスタリングし、1つの大きなコンピューティングリソースとして統一的に管理します。クラスタを構成するマシンは「ノード（Node）」と呼ばれ、大きく2つの役割に分けることができます。

■ Control Plane ノード

Control Plane はクラスタ全体を管理・制御する中枢部分です。具体的には、リソースのスケジューリング、ノードと Pod の状態監視、リソースの作成や削除の指示を行います。高可用性を実現するため、Control Plane のノードは通常 3 台以上の奇数台数で構成し、冗長化が必要です。

Control Plane 上で稼働する主要なコンポーネントは以下のとおりです。

- kube-apiserver：Kubernetes クラスタの API エントリポイントとして、すべてのリクエストを処理し、Control Plane 上の他のコンポーネントやノードとの通信を仲介する。
- etcd：クラスタ全体の状態や構成情報を保存する分散型キーバリューストアで、クラスタを構成する情報を永続化する。
- Scheduler：クラスタ内のリソース状況を考慮して、Pod の実行先ノードを決定する。
- Controller Manager：Kubernetes に実装された複数のコントローラを統合的に実行し、リソースの状態を望ましい状態に維持する。
- cloud-controller-manager：クラウドプロバイダの API と連携し、ノード、ストレージ、ロードバランサなどのクラウドリソースを管理する。

■ Compute ノード

Compute ノードは、実際にコンテナ化されたアプリケーションを Pod として稼働させる役割を担います。Compute ノードは、Control Plane からの指示を受けて、Pod の実行、リソースの割り当て、状態の報告を行います。クラスタの負荷に応じて Compute ノードを追加することで、スケーラブルな運用が可能です。

Compute 上で稼働する主要なコンポーネントは以下のとおりです。

- kubelet：Control Plane と通信して Pod のライフサイクルを管理し、ノード上のコンテナが適切に稼働するように監視と制御を行う。
- kube-proxy：クラスタ内のネットワークを管理し、アプリケーション間の通信やアクセス管理、ロー

- Container Runtime：ノード上でコンテナを実行するランタイムソフトウェア。コンテナを直接操作する低レベルランタイムと、コンテナのライフサイクル管理や Kubernetes との連携を担う高レベルランタイムが協働して動作します。一般的なコンテナランタイムは、標準化されたプラグインインターフェース仕様である CRI（Container Runtime Interface）に準拠し、kubelet から統一的に操作、管理できます。

Figure 1-3 Kubernetes クラスタのアーキテクチャ

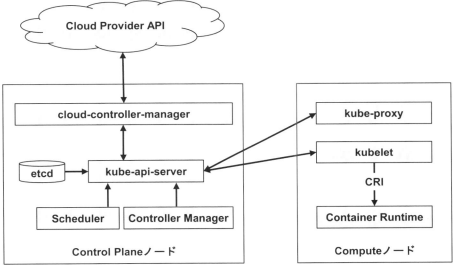

Kubernetes のアーキテクチャや、各コンポーネントのより詳細な技術については、Kubernetes 公式ドキュメント[*4]も合わせて参照してください。

1-3-2　コンテナの向き不向き

コンテナは高速でスケールイン／スケールアウトする用途において、その真価を発揮します。つまり、特定のサービスに対するアクセスや、処理量の変化に追随するために、絶えず拡張や縮退を繰り返す場面にこそ、コンテナ化されたアプリケーションが向いています。

＊4　https://kubernetes.io/ja/docs/concepts/architecture/

このような場面においては、個々のインスタンス（Pod）に個性は必要ありません。これは、従来の仮想マシンに対する運用と対比するとわかりやすいでしょう。仮想マシンの運用の前提は、そのインスタンス（仮想マシン）が継続的に稼働し続けることです。仮想マシンに固有のホスト名を割り当て、必要に応じてパッチの適用やパッケージの更新などを行い、ペットのように大事に育てる運用が行われます。対してKubernetes上のPodについては、頻繁に作成・削除されることを前提とします。Podに対するアクセスの増減に合わせてスケールアウト／スケールインが行われ、もしPodがクラッシュした場合は、Kubernetesの機能によってすぐに再作成されます。つまり、Podについては各インスタンス個々の状態を管理するのではなく、Podが提供するサービス全体のパフォーマンスを管理することが前提となります。こうした運用の考え方は、仮想マシンの「ペット（Pet）」に対して「家畜（Cattle）」と称されます。コンテナアプリケーションの運用においては、複数のPodを家畜の群れと見立て、個々のインスタンスの状態を管理するのではなく、サービス全体の状態として管理、監視することがベストプラクティスとされています。

　こうした運用を実現するためには、アプリケーションを実行するために必要な設定情報を、アプリケーションそのものと切り離して管理したり、インスタンスで生成されるログの外部転送、サービス全体のパフォーマンスに着目した監視が必要となります。

　このようなコンテナアプリケーション運用は、コンテナに向いているワークロードとそうでないワークロードの存在を示唆します。特に参照系と更新系がインスタンス間で役割分担されたアーキテクチャを取るデータベースなど、いわゆる「ステートフル」なワークロードを元来苦手としてきました。また、仮想マシンにしか対応していないパッケージソフトウェアを利用していたり、Linux以外のOSで動かす必要のあるアプリケーションが存在する場合は、そもそもコンテナという選択肢を取ることが難しいでしょう。

　しかしKubeVirtの登場によって、Kubernetesの上で仮想マシンを扱えるようになりました。つまり、コンテナと仮想マシンを統一された技術の中で扱えるようになったのです。

　　　Column　　Kubernetesに対応するステートフルなワークロード

　従来はKubernetes上での運用が不向きとされていたデータベースですが、近年はKubernetes上でデータベースマネジメントシステムを構築・運用するためのさまざまなソリューションが提供されています。
　たとえば、エンタープライズ向けに拡張されたPostgreSQLを提供するEnterpriseDB社は、Kubernetes上でPostgresを実行および管理するための「CloudNativePG Kubernetes Operator」を提供しています[*5]。

また、NewSQL を標榜するデータベースとして知られる TiDB も、Kubernetes の上で TiDB を管理運用するためのソリューション「TiDB Operator」を提供しています[6]。

さらに、オープンソースの分散メッセージキューとして幅広く利用されている「Apache Kafka」については、効率的に Kubernetes 上にデプロイおよび運用するためのオープンソースプロジェクト「Strimzi」が知られています。

このように、ステートフルなワークロードについても Kubernetes 上で動作させるためのさまざまなソリューションが提供され、状況が変化しつつあります。

1-4　クラウドネイティブな仮想基盤

Kubernetes は、すでに国内でのユースケースや事例が数多く公開されており、企業の IT インフラを担うコンポーネントとして、構築・運用するためのノウハウや各種のエコシステムも成熟してきました。まさしく「Platform for building Platforms」[7]として名実ともに世界中の IT インフラに浸透し、ステートレスな Web アプリケーションの基盤のみならず、ステートフルなワークロードのためのプラットフォームとしても地位を築き上げてきました。こうした動きは、エンタープライズのミッションクリティカルなシステムにも適用されてきています。エンタープライズがハイブリッドクラウドを実現するための一貫した仮想レイヤを提供する存在としても、Kubernetes の利用がより広がっています。

このようにコンテナと Kubernetes を前提にしたサーバや IT インフラの仮想化が進む過程において、従来型の仮想マシンベースのワークロードはどうなっていくのでしょうか？

アプリケーションのモダナイゼーションの推進といった文脈において、こうしたワークロードもコンテナ化し、マイクロサービスアーキテクチャに代表される、コンテナに適したアーキテクチャへ変更することが注目されています。事実、企業の基幹系システムにおいても、マイクロサービスを適用したシステムのモダナイゼーション事例が報告[8]されています。しかし、すべての仮想マシンがコンテナ化されるかは疑問です。頻繁な変更や、高いスケーラビリティは不要であり、むしろ単一のホスト上で動作し続けることが前提となるワークロードも残り続けるでしょう。

「Kubernetes のエコシステムによる恩恵を享受したい。しかし仮想マシンを前提としたワークロードも残り続ける」このような相対する両者を橋渡しする技術が、Kubernetes の上で仮想マシンをリソー

＊5　https://github.com/cloudnative-pg/cloudnative-pg

＊6　https://github.com/pingcap/tidb-operator

＊7　元 CoreOS の Software Engineer で KubeCon の立ち上げメンバでもある Kelsey Hightower 氏が提唱した概念

＊8　「コンテナ技術と、業務を部品化したマイクロサービスを適用した基幹システムのモダナイゼーション」
https://www.redhat.com/ja/about/press-releases/ibm_and_red_hat_support_the_modernization_of_yasuda_sokos_comprehensive_logistics_information_system_using_rosa

第 1 章 KVM と仮想化技術の基礎知識

スとして取り扱うことを可能とする「KubeVirt」です。

1-4-1 KubeVirt プロジェクトの概要

KubeVirt[9]は 2016 年に開発がスタートし、現在は CNCF のプロジェクトの一つとなっています。KubeVirt とは Kubernetes 上で仮想マシンを実行するための仮想化 API やランタイムなどを備えた Kubernetes Operator です。KubeVirt の開発は、Red Hat をはじめとしたコミュニティにより進められ、プロジェクトが始まってから 7 年後となる 2023 年の 7 月には ver1.0 がリリースされました。

KubeVirt はその位置付けを「Virtualization extension for Kubernetes」と表現し、Kubernetes に対して仮想基盤としての拡張機能を与える、としています[10]。

1-4-2 KubeVirt のメリット

KubeVirt が目指す方向、あるいは価値とは何でしょうか？
それは、以下にあるような Kubernetes の恩恵を、仮想マシンに対しても適用できるという点です。

- マニフェストベースのリソース管理
- 特定のインフラに依存しないワークロードの可搬性の獲得
- 仮想化されたネットワークやストレージシステムの採用

これまでコンテナアプリケーションが Kubernetes を通して享受してきたさまざまな技術的利点を、仮想マシンも同じように享受できます。これによって、アプリケーション開発者はコンテナと仮想マシンの境界に煩わされることなく、同じクラスタ内にアプリケーションをデプロイし、Kubernetes の作法を適用してコンテナと仮想マシン間の通信を確立することができ、システムとして一体的に運用することが可能になります。

インフラ管理者にとっても大きな利点が存在します。仮想マシンアプリケーションのための基盤と、コンテナアプリケーションのための基盤を二重管理することはインフラ管理者の悩みの種です。これまでのエンタープライズのコンテナプラットフォームの構成として、仮想マシン基盤上のテナントとして Kubernetes クラスタを展開し、その上でコンテナアプリケーションをホストするといった構成がよく採用されてきました。こうした構成を取る場合、従来の仮想マシンと、Kubernetes クラスタのノー

＊ 9　https://kubevirt.io/

＊ 10　https://github.com/kubevirt/kubevirt

ドとしてのインスタンス（仮想マシン）の運用には、相容れない観点[*11]が発生することもありました（Figure 1-4）。

Figure 1-4　仮想基盤とコンテナプラットフォームで多重化する階層構造

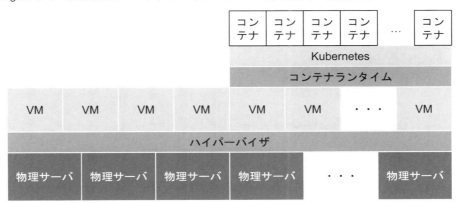

また、多重化した階層構造によってコンテナより下のレイヤに多くの技術スタックが積み重なり、各レイヤに製品ライセンス費用を要したり、運用工数の増大を招きかねません。こうした課題はコンテナアプリケーションによる投資対効果（ROI）を妨げる要因にもつながります。

従来型のハイパーバイザによる仮想基盤と、コンテナプラットフォームを所管する部門や人員やスキルを完全に分離し、コンテナはコンテナの世界だけを確立することに集中する、といった手法も取り得ます。しかし、企業の限られたIT人材を分散することは、多くの企業が悩むIT人材不足問題に鑑みれば、経営戦略としては避けたいことでしょう。また、従来型の仮想マシンを前提としたアプリケーションの中には、今後ビジネス的にも、コンピューティングリソース的にもスケールする要素はないが、維持管理は継続しなければならないといったものも存在しています。そうしたアプリケーションはコンテナ化の対象（投資の対象）に挙がってくることは稀でしょう。モダナイゼーションを実施する投資対効果が見込めず、適宜パッチ適用や脆弱性対応などの処置はしつつ「塩漬け」して延命させるだけのシステムも多くあります。

つまり、攻めの領域（コンテナアプリケーションの稼働）と守りの領域（仮想マシンの維持）の両者を、技術スタックや人材の観点から分断してしまうことは、限られた企業のリソース配分の観点から避けるべきであり、そうした目線からもKubeVirtが解決できる課題は多いといえます（Figure 1-5）。

＊11　たとえば、仮想マシンを増やすためには企業内の所定のワークフローに従った払い出しの仕組みを守らなくてはならない、など。

第 1 章　KVM と仮想化技術の基礎知識

Figure 1-5　仮想マシンとコンテナを統一的なプラットフォームの上で取り扱う

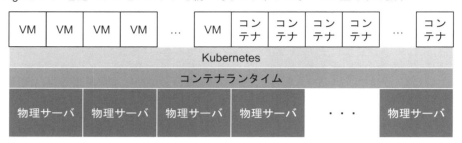

1-4-3　KubeVirtによる仮想化の仕組み

　KubeVirt が、Kubernetes 上で仮想マシンを起動し管理する、と聞いた読者の中には、「どうしてそんなことが可能なのか？」と疑問を持つ方もいらっしゃるのではないでしょうか。

　実は、KubeVirt によって Kubernetes 上にデプロイされた仮想マシンの実態は Pod に包含されたコンテナそのものです。そして、KubeVirt による仮想化の仕組みは、KVM をベースとして成立しています。

　本章の前半では KVM による仮想化について解説をしました。Linux のカーネルモジュールである KVM と、ユーザプロセスとして動作する QEMU や libvirt が連携して、KVM 仮想化は実現されています。これらのコンポーネントのうち、QEMU と libvirt はコンテナとして実行可能であり、これによって従来の KVM 仮想化と同じ仕組みを実現することができます。これが KubeVirt による仮想化の仕組みの基本的な原理です（Figure 1-6）。

　KVM 仮想化における QEMU および libvirt は Linux のユーザプロセスとして動作することを「1-2-4 KVM 仮想化の仕組み」で説明しました。また、コンテナ仮想化の特徴として、Linux のユーザプロセスはコンテナ内で実行され、カーネルプロセスについてはホスト OS のカーネル内で実行される旨を「1-2-5 コンテナによる仮想化」で説明しました。この両者の特徴を組み合わせると、コンテナ内で KVM 仮想化を実現することが可能です。QEMU や libvirt コンポーネントから実行されるプロセスはコンテナとして Linux ホストのユーザ空間で実行されます。これが KubeVirt 技術の肝です。

　一見すると階層構造が複雑になっているように見えるのですが、技術スタックとしては KVM 仮想化をコンテナに適用しただけのシンプルなものであり、いわゆる「枯れた技術の水平思考」[12]といってもよいでしょう。以下では、各技術レイヤの観点からプロセスの関連性を説明していきます。

---

[12] 任天堂でさまざまな商品開発を主導したゆえ横井軍平氏が提唱したとするものづくりの考え方。すでに成熟し使い古されたといってもよい技術要素を転用して、新しい機能や商品として世に送り出す考え方。

Figure 1-6 KubeVirt による仮想化の仕組み

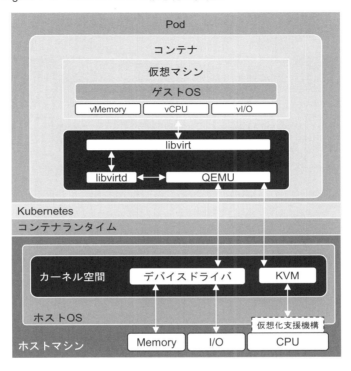

　仮想マシンはホストマシン上で実行される KVM 仮想化の際と変わらず、libvirt を介してライフサイクル管理されます。ただし、仮想マシンはコンテナ内で実行されます。

　仮想マシンが実行されるコンテナは Pod として、Kubernetes 上で管理されます。そのため、通常の Pod と同様、Kubernetes のヘルスチェック機能や自己回復機能が変わらず適用されます。その他、Kubernetes がコンテナのアプリケーションに提供しているさまざまな機能が提供されます。以下に代表的なものをまとめます。

- Kubernetes によるオーケストレーションは仮想マシンに対しても働きます。死活監視や自己回復、ノードの CPU やメモリ利用率に応じた仮想マシンのスケジューリングが行われます。
- Kubernetes クラスタに展開されたオーバーレイネットワークへの参加や、インスタンス間の通信、クラスタ外部との通信の確立もこれまでのコンテナアプリケーションと同じように適用されます。
- 仮想マシンはステートフルなワークロードであり、データの永続化が必須です。そのための仕組みとして Kubernetes の永続ボリューム（Persistent Volume）提供の仕組みが適用できます。

これまで Kubernetes がコンテナアプリケーションに対して提供してきたリソースの提供や管理、コ

第 1 章 KVM と仮想化技術の基礎知識

ントローラによる各種制御を含めたさまざまな仕組みが、そのまま仮想マシンアプリケーションに対しても同じように適用されます。

1-5　まとめ

本章では、KVM 仮想化の概要、コンテナおよび Kubernetes の概要を踏まえて、KubeVirt の仕組みを説明しました。KubeVirt は企業の IT インフラにおいて、コンテナと仮想マシンを統一して管理できるプラットフォームです。限られた人材やスキルを分散することなく、コンテナアプリケーションの稼働と仮想マシンの維持の両立を推進します。また、仮想マシンのアプリケーションは、アーキテクチャの変更を強いられることなく、Kubernetes が提供するさまざまな自動化の恩恵、エコシステムの享受、ハイブリッドクラウド環境におけるワークロードの可搬性を獲得できます。こうした KubeVirt の利点は、単に「Kubernetes の上で仮想マシンが動く」という技術に留まらず、エンタープライズのハイブリッドクラウド戦略やモダナイゼーション戦略、人材や IT 投資の最適配置にまで関わるソリューションになり得るでしょう。

次章では、KubeVirt のアーキテクチャを確認し、実機検証のための環境を構築していきます。

第2章

OpenShift Virtualization の導入

第1章では KVM による仮想化がどういったものか、またコンテナ、Kubernetes の登場の後、クラウドネイティブな仮想化基盤を実現するための手段として登場した KubeVirt プロジェクトの概要について紹介しました。

第2章では KubeVirt を使って仮想マシンを起動、および操作するための準備として、OpenShift 環境を構築し、その上で OpenShift Virtualization をインストールします。

第 2 章 OpenShift Virtualization の導入

2-1　KubeVirt のアーキテクチャ

　KubeVirt は、それぞれ役割の異なる複数のコンテナが Kubernetes の各ノード上で稼働し、それらの相互作用により仮想マシンの操作を実現しています。環境構築に移る前に KubeVirt を構成するコンポーネントについて理解し、それらがどのように動作するのかを確認していきます。

2-1-1　KubeVirt のコンポーネント

　まずは KubeVirt のアーキテクチャと構成するコンポーネントについて確認します。各コンポーネントと主な役割を Table 2-1 に示します。

Table 2-1　KubeVirt のコンポーネント

名称	概要
Virt API	KubeVirt で利用可能な API リソースのエンドポイントを提供
Virt controller	KubeVirt のカスタムリソースオブジェクトの監視と操作を行うコントローラ
Virt handler	ノード上で起動する仮想マシンの操作を行う DaemonSet
Virt launcher	QEMU や libvirt のデーモンを包含し、仮想マシンを起動する Pod

　KubeVirt を Kubernetes にインストールすると、専用の API サーバである Virt API Pod や、カスタムコントローラの Virt controller Pod、また DaemonSet として各 Compute ノード上で一つずつ Virt handler Pod が起動します（Figure 2-1）[1]。

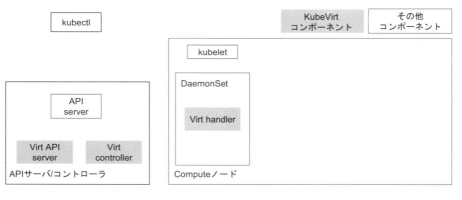

Figure 2-1　KubeVirt インストール後の各コンポーネント（脚注に示す Web サイトに掲載された図を元に作成）

---

[1] https://kubevirt.io/user-guide/architecture/

● 2-1 KubeVirt のアーキテクチャ

- Virt API

KubeVirt で利用する API の HTTP エントリポイントを提供するのが Virt API です。Virt API は、Kubernetes のカスタム API サーバとして動作します。Kubernetes の API サーバは Control Plane ノードで起動しますが、Virt API は Control Plane ノードではなく、Compute ノード上で Pod として起動し、KubeVirt に関わるカスタムリソースの作成や変更、削除を待ち受けます。

- Virt controller

カスタムリソースの状態に応じてアクションを実行するのが、カスタムコントローラである Virt controller です。Virt controller は VirtualMachine（後述）の状態を監視し、変更があればそれをクラスタ上に反映します。

- Virt handler

Virt handler は他の 2 つのコンポーネントと異なり、仮想マシンが起動する Compute ノード上に一つずつ配置される Pod です。Virt handler は、同じく Compute ノード上で起動する kubelet に代わり、仮想マシンへの変更操作を行います。

Virt API、Virt controller、Virt handler は KubeVirt を Kubernetes にインストールしたタイミングで各ノード上で起動します。また、これら 3 つとは別に仮想マシンを起動するタイミングで Virt launcher と呼ばれる Pod が起動します。この Virt launcher は起動する仮想マシンと一対一で対応する Pod です。こちらについては仮想マシンの起動の流れを確認しながらその役割を見ていきます。

2-1-2 仮想マシン起動時の動き

それでは KubeVirt がどういった流れで仮想マシンを起動するのかを確認していきましょう。

■ VirtualMachine リソースの作成

KubeVirt で仮想マシンを起動するには、VirtualMachine というリソースを作成する必要があります。List 2-1 は、VirtualMachine リソースの例です。

35

第 2 章 OpenShift Virtualization の導入

List 2-1　VirtualMachine リソースの例

```
apiVersion: kubevirt.io/v1
kind: VirtualMachine
metadata:
  name: example
spec:
  running: true
  template:
    spec:
      domain:
        cpu:
          cores: 1
          sockets: 1
          threads: 1
        memory:
          guest: 2Gi
        devices:
          disks:
            - disk:
                bus: virtio
              name: rootdisk
            - disk:
                bus: virtio
              name: cloudinitdisk
          interfaces:
            - masquerade: {}
              model: virtio
              name: default
      hostname: example
      networks:
        - name: default
          pod: {}
      volumes:
        - name: rootdisk
          containerDisk:
            image: 'quay.io/containerdisks/fedora:41'
        - cloudInitNoCloud:
            userData: |-
              #cloud-config
              user: fedora
              password: fedora
              chpasswd: { expire: false }
          name: cloudinitdisk
```

■ Virt launcher Pod の起動

VirtualMachine リソースをクラスタに適用した際の動きは、以下のとおりです（Figure 2-2）。

Figure 2-2　Virt launcher Pod の起動

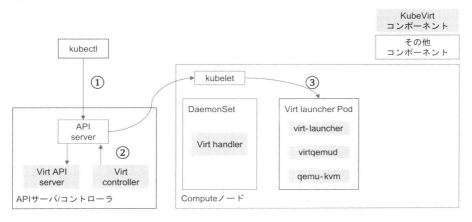

①：kubectl から VirttualMachine リソースを作成
②：Virt controller が仮想マシンの現在の実行状態を表す VirtualMachineInstance リソースを作成
③：②を受け、kubelet が Virt launcher Pod を起動

VirtualMachine を作成すると、それに伴って仮想マシンの現在の実行状態を表す VirtualMachineInstance リソースが作成されます。それを受け、Compute ノードでは Virt launcher Pod が起動します。

Virt launcher Pod は、一般的なアプリケーションコンテナと同様に Compute ノードにスケジューリングされます。NodeSelector や Affinity、CPU やメモリなどのリソース要件を確認し、クラスタ内で Pod をスケジュール可能な Compute ノードを見つけ、Pod を起動します。Virt launcher Pod では各種ハードウェアのエミュレーションを行う qemu-kvm や、libvirt の API を待ち受けるデーモンである virtqemud[2] といったプロセスが動作し、この Virt launcher Pod が動作する Compute ノード上で仮想マシンを起動する準備を行います。

---

［2］ 旧来のモノリシックな libvirtd をモジュール化し、再実装したデーモンプロセス

■ 仮想マシンの起動

Virt launcher Pod の起動後、仮想マシンが起動するまでの動きは、以下のとおりです（Figure 2-3）。

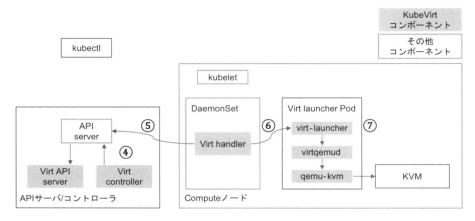

Figure 2-3　仮想マシンの起動

④：Virt controller が、VirtualMachineInstance を更新
⑤：Virt handler が更新された VirtualMachineInstance の情報を確認
⑥：VirtualMachineInstance の情報を Virt launcher Pod に流通
⑦：⑥を受け、Virt launcher が仮想マシンを起動

Virt controller は、仮想マシンが起動する Compute ノードが決まるとその情報を VirtualMachineInstance のラベルに追記します。これを契機とし、以降の仮想マシンの操作は Compute ノード上で DaemonSet として稼働する Virt handler によって行われます。

Virt handler は自身が起動する Compute ノード上の VirtualMachineInstance の状態を常に監視しており、その情報を Virt launcher Pod に渡します。Virt launcher Pod は Virt handler から渡された VirtualMachineInstance の情報を xml 形式の仮想マシン定義ファイルに変換し、libvirt API を実行してコンテナの内部で仮想マシンを起動します。

以上が KubeVirt で仮想マシンが起動するまでの一連の流れです。仮想マシンの起動に関わる根幹の部分は、以前からある KVM 仮想化の仕組み、すなわち QEMU や libvirt、KVM カーネルモジュールの組み合わせを利用しています。

2-1-3　仮想マシン終了時の動き

最後に、仮想マシン終了時の動きについても確認します（Figure 2-4）。

Figure 2-4　仮想マシンの終了

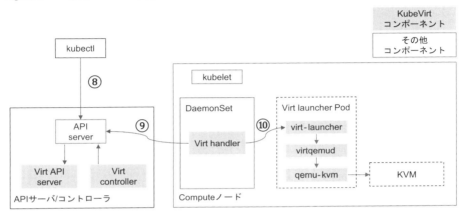

> ⑧：kubectl から VirtualMachine リソースを削除
> ⑨：VirtualMachineInstance の削除を確認
> ⑩：仮想マシンを終了

　仮想マシンを終了するには、起動時にユーザが作成した VirtualMachine リソースをクラスタから削除します。VirtualMachine を削除すると、関連する VirtualMachineInstance、Virt launcher Pod も削除され、実行されていた仮想マシンは Virt handler により終了処理が行われます。VirtualMachine では、仮想マシンが終了の命令を受けてから、安全に終了処理を行うために猶予時間（グレースピリオド）を設定することが可能です[*3]。

＊3　https://github.com/kubevirt/kubevirt/blob/main/docs/graceful-shutdown.md

2-2　本書で構築する環境

それでは OpenShift 上で KubeVirt を実行するための環境を確認します。Figure 2-5 は、本書で利用する環境構成です。

Figure 2-5　本書の環境構成

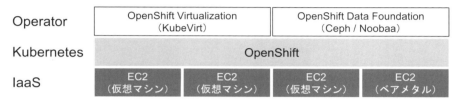

この環境を構築する際の全体の流れは以下のとおりです。

(1) アカウントの準備（AWS / Red Hat）
(2) OpenShift クラスタの構築
(3) OpenShift Data Foundation のインストール
(4) OpenShift Virtualization のインストール

(1) アカウントの準備（AWS / Red Hat）

　今回の IaaS 環境には、AWS のコンピュートサービスである Amazon Elastic Compute Cloud（EC2）を利用します。KubeVirt のユースケースとしては、オンプレミスのデータセンタで既存の仮想化基盤の代替として利用する場合が多いでしょう。しかし、本書においては環境準備が容易なことから、クラウドを使い環境構築を実施します。Amazon EC2 はベアメタルインスタンスを提供しており、それをノードとして組み入れた OpenShift クラスタを構築します。

(2) OpenShift クラスタの構築

　Kubernetes レイヤでは、Red Hat OpenShift Container Platform を利用します。OpenShift は Red Hat が提供する Kubernetes ディストリビューションです。OpenShift では Kubernetes Operator を利用することによって、容易にソフトウェアをインストールできます。

(3)/(4) OpenShift Data Foundation / OpenShift Virtualization のインストール

　OpenShift では KubeVirt による仮想化を OpenShift Virtualization という機能でサポートしています。Kubernetes Operator による導入が容易であること、また仮想マシンを GUI で操作可能なコンソール画面を提供していることから、本書ではこちらを利用します。OpenShift Virtualization の導

入と合わせて、OpenShift Data Foundation を導入します。OpenShift Data Foundation は OpenShift クラスタ内で構築でき、永続ストレージを提供する SDS（Software Defined Storage）です。これを利用し、仮想マシン構築時のストレージを払い出します。

2-3　アカウントの準備（AWS / Red Hat）

まず環境構築に必要となる各種サービスのアカウント準備を行います。はじめにクラウドとして利用する AWS のアカウント作成を行い、その後に OpenShift の構築で必要となる Red Hat アカウントを作成します。なお、サービスのアップデートによって動作や画面表示が本書の内容と異なる可能性があります。その場合は、それぞれ公式サイトのドキュメントを参照しながらアカウント準備を進めてください。

2-3-1　AWS アカウントの作成

■ ルートユーザの作成

AWS の公式サイト（https://aws.amazon.com/jp/）にアクセスし、以下の流れに従い AWS のルートユーザを作成します。

(1) アカウントのサインアップ画面に進み、アカウント作成に使用する自分のメールアドレスとアカウント名を入力します（Figure 2-6）。

Figure 2-6　AWS アカウントのサインアップ

第 2 章 OpenShift Virtualization の導入

(2) 登録したメールアドレス宛に送られた認証コードを入力し、ルートユーザパスワードを設定します。

(3) 名前や電話番号、住所などの連絡先情報と利用用途を選択します。この際「AWS カスタマーアグリーメント」への同意が求められるため内容を確認し、チェックボックスにチェックを入れます。

(4) 請求情報としてクレジットカードの情報を登録します。

(5) SMS、もしくは電話による認証を行います。

(6)「ベーシックプラン」「デベロッパーサポート」「ビジネスサポート」からサポートプランを選択します。個人のプロジェクトとしてアカウントを作成する場合はベーシックプランを選択します。

ここまでの操作でルートユーザを作成できます。設定したメールアドレスとパスワードを使ってコンソールにログインできることを確認しましょう（Figure 2-7）[*4]。

Figure 2-7　AWS マネジメントコンソールへのアクセス

■ IAM ユーザの作成とアクセスキーの取得

AWS 上でリソースを作成する場合、ルートユーザアカウントを直接利用することはセキュリティの観点から推奨されていません。そのため環境構築に必要な最低限の権限を付与した IAM ユーザを作成し、アクセスキーを取得します。

(1) AWS マネジメントコンソールから Identity and Access Management（IAM）の画面に遷移し、［アクセス管理］-［ユーザー］を選択し、［ユーザーの作成］をクリックします（Figure 2-8）。

＊4　ルートユーザはすべての AWS リソースにアクセスすることができる非常に強い権限を持ちます。そのため、実務ではルートユーザのベストプラクティスに従い、多要素認証（MFA）を設定してください。

Figure 2-8 IAM ユーザの作成

(2) ユーザ名を入力し、［次へ］を選択します。コンソールへのユーザアクセスについては任意で選択してください。
(3) 「許可を設定」の画面にて、許可のオプションを選択します。今回は［ポリシーを直接アタッチする］を選択し、必要なポリシーをアタッチします。

　　AWS 上で OpenShift を構築するために必要な権限の詳細は Red Hat のドキュメント[5]から確認できます。今回はカスタムポリシーの作成などは実施せず、必要な権限を含む以下のデフォルトポリシーをアタッチします。

- ElasticLoadBalancingFullAccess
- AmazonEC2FullAccess
- IAMFullAccess
- AmazonRoute53FullAccess
- AmazonS3FullAccess
- ResourceGroupsandTagEditorReadOnlyAccess
- ServiceQuotasFullAccess

(4) すべてのポリシーをアタッチし、［次へ］を選択すると確認画面に移ります。内容を確認し、［ユーザーの作成］をクリックし、IAM ユーザを作成します。
(5) IAM のユーザ画面で作成したユーザを選択し、［アクセスキーを作成］をクリックします。ユースケースとして、［コマンドラインインターフェイス（CLI）］を選択し、確認のチェックボックスにチェックを入れ次に進みます。
(6) 説明タグ値は空欄のまま、［アクセスキーを作成］をクリックします。
(7) アクセスキー、シークレットアクセスキーが表示されるため、値を保存します。

ここまでの操作で環境構築に必要な権限を持った IAM ユーザと、アクセスキーを取得できました。

---

[5] https://docs.redhat.com/ja/documentation/openshift_container_platform/4.16/html/installing_on_aws/installation-aws-permissions_installing-aws-account#installation-aws-permissions_installing-aws-account

第 2 章 OpenShift Virtualization の導入

2-3-2　Red Hat アカウントの作成

■ ユーザアカウントの作成

(1) Red Hat の公式サイト（https://www.redhat.com/ja）にアクセスし、画面右上の［ログイン］をクリックします。
(2) ログイン画面にて［Register for a Red Hat account］をクリックします（Figure 2-9）。

Figure 2-9　Red Hat アカウントのサインアップ

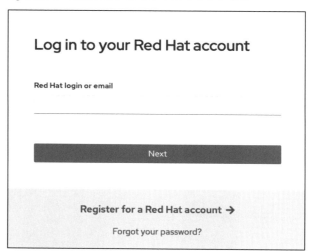

(3) 任意のユーザ ID、パスワード、氏名やメールアドレスなどの情報を入力し、［Create my account］をクリックします。
(4) 登録したメールアドレス宛に、認証のためのリンクを含むメールが送られてくるため、それをクリックして認証を行います。
(5) 再度公式サイトにアクセスし、設定したユーザ ID とパスワードでログインします。
(6) ログインした状態で画面右上のアイコンを選択し、［アカウントの管理］-［アカウント情報］をクリックします（Figure 2-10）

Figure 2-10　アカウント情報の編集

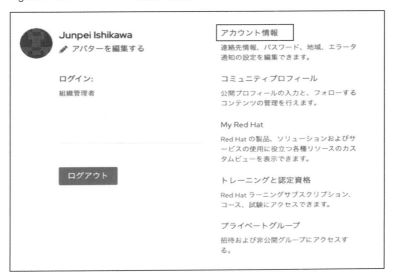

(7) 追加で電話番号や、アカウントタイプ、住所などの情報を入力します。

以上で必要なアカウントを作成することができました。

2-4　OpenShift クラスタの構築

それでは OpenShift クラスタを構築していきます。有効な Red Hat アカウントがある場合、最大 60 日間無償で利用することができる、OpenShift のトライアルサブスクリプションを適用できます。OpenShift はインストール方法として Table 2-2 に示すパターンをサポートしています。

Table 2-2　OpenShift クラスタのインストール方法

インストール方法	概要
IPI (Installer-Provisioned Infrastructure)	OpenShift インストーラがインフラも含め自動構築
UPI (User-Provisioned Infrastructure)	ユーザが事前に作成したインフラに OpenShift をインストール
Assisted Install	Web コンソールを通じたインタラクティブなインストール
Agent-base Install	事前作成したインストールエージェントを利用したインストール

AWS 環境においては、インストール方法として IPI、および UPI がサポートされます。IPI は、OpenShift のインストーラがインストールプロセスの中で VPC や EC2 などの IaaS も含めて構築する方式で、UPI はユーザがあらかじめ作成した環境に OpenShift をインストールする方式です。本書ではインストー

第 2 章 OpenShift Virtualization の導入

ルが容易な IPI で OpenShift クラスタを構築します。

2-4-1　IPI インストールの準備

IPI インストールの準備として、はじめにインストール作業やリソースの操作に必要な CLI ツール
を作業環境にインストールします。その後、AWS コンソールで DNS の設定やクォータの確認を行い
ます。

■ 各種 CLI ツールのインストール

まずは OpenShift クラスタの構築とその後の操作に必要な CLI ツールを準備します。今回利用する
CLI は Table 2-3 のとおりです。なおコマンドの実行環境としては Linux を想定しますが、自身の環
境に合わせ適宜設定を行ってください。

Table 2-3　利用する CLI ツール

CLI	コマンド	概要
AWS CLI	aws	AWS の各種リソースを操作
OpenShift installer CLI	openshift-install	OpenShift のインストールを実行
OpenShift CLI	oc	OpenShift クラスタ構築後のリソースの操作

○ AWS CLI のインストール

AWS の公式ドキュメント[6]に従って CLI をダウンロードし、インストールを行います。

```
$ curl "https://awscli.amazonaws.com/awscli-exe-linux-x86_64.zip" -o "awscliv2.zip"
$ unzip awscliv2.zip
$ sudo ./aws/install
```

インストールが完了したら、前節にて作成した AWS のアクセスキーなどを設定します。

```
$ aws configure
```

＊6　https://docs.aws.amazon.com/ja_jp/cli/latest/userguide/getting-started-install.html

● 2-4 OpenShift クラスタの構築

```
AWS Access Key ID [None]: YOUR_ACCESS_KEY ## IAMユーザのアクセスキーを設定
AWS Secret Access Key [None]: YOUR_SECRET_KEY  ## IAMユーザのシークレットアクセスキーを設定
Default region name [None]: ap-northeast-1
Default output format [None]: json
```

○ **OpenShift Installer CLI / OpenShift CLI のインストール**

OpenShift クラスタのインストール、および操作のために、OpenShift Installer CLI と OpenShift CLI を環境にインストールします。OpenShift Installer CLI と OpenShift CLI は Red Hat の OpenShift Cluster Manager よりダウンロードします。

○ OpenShift Cluster Manager

https://console.redhat.com/openshift

OpenShift Cluster Manager にアクセスし、Red Hat OpenShift Container Platform パネルの［Create cluster］－［AWS (x86_64)］－［Automated］と画面を進めると、CLI のダウンロード画面に進みます（Figure 2-11）。

Figure 2-11　OpenShift CLI ツールのダウンロード

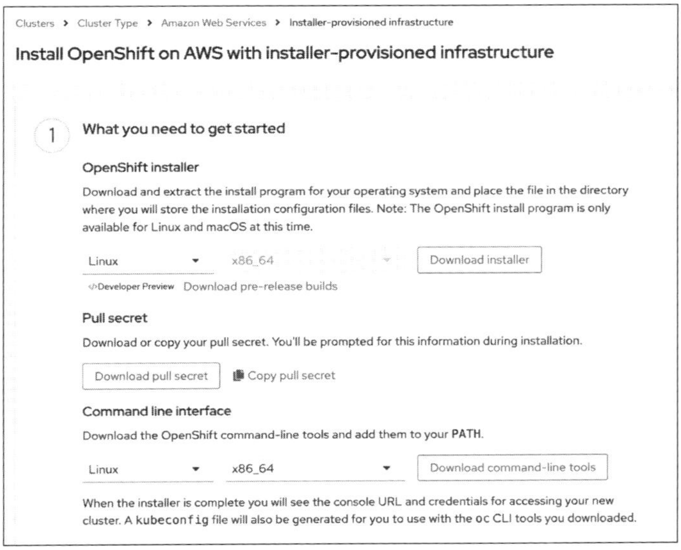

47

第 2 章 OpenShift Virtualization の導入

CLI のダウンロード、および PATH への設定は以下のとおり行います。

◎　OpenShift Installer CLI のダウンロードと PATH への設定

```
$ curl -O
https://mirror.openshift.com/pub/openshift-v4/clients/ocp/stable/openshift-install-linux.tar.gz
$ sudo tar xvf openshift-install-linux.tar.gz -C /usr/local/bin
```

◎　OpenShift CLI のダウンロードと PATH への設定

```
$ curl -O
https://mirror.openshift.com/pub/openshift-v4/clients/ocp/stable/openshift-client-linux.tar.gz
$ sudo tar xvf openshift-client-linux.tar.gz -C /usr/local/bin
```

設定が完了したら、CLI のダウンロード画面に表示される［Download pull secret］から Pull secret をダウンロードします。こちらは OpenShift クラスタを構築する段階で利用します。

　　　　　　Column　　OpenShift のバージョン

　OpenShift のバージョンは利用する OpenShift Installer CLI のバージョンにより決まります。CLI のダウンロード画面からは現在利用することができる最新のバージョンがダウンロード可能です。また、特定の過去バージョンを利用したい場合、以下の URL から OpenShift Installer CLI をダウンロードできます。

https://mirror.openshift.com/pub/openshift-v4/clients/ocp/

　OpenShift CLI も、上記のページからダウンロードできるため、利用する OpenShift Installer CLI のバージョンに合わせて設定を行ってください。

■ Amazon Route 53 のパブリックホストゾーンの設定

　AWS のサービスである Amazon Route53 でパブリックホストゾーンを作成し、OpenShift で利用するベースドメインの設定を行います。なお、ここで設定するドメインの取得は、AWS や外部サイトから事前に実施してください。

● 2-4 OpenShift クラスタの構築

○**ホストゾーンの作成**

AWS のマネジメントコンソールで Route 53 のダッシュボードを開き、[ホストゾーン] – [ホストゾーンの作成] をクリックします。「ホストゾーンの作成」画面にて、利用するドメインを入力し、[パブリックホストゾーン] を選択します（Figure 2-12）。

Figure 2-12　ホストゾーンの作成

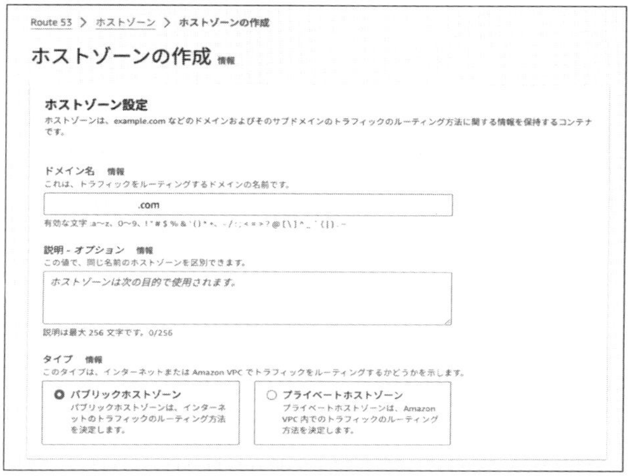

[ホストゾーンの作成] をクリックすると、入力したドメインがパブリックホストゾーンとして登録されます。外部サイトでドメインの管理を実施している場合は、ホストゾーンに登録された NS レコードの値をネームサーバとして利用するよう設定を行ってください。

■ **AWS サービスクォータの確認**

作成した AWS アカウントでは、サービスごとに利用可能なコンポーネントの数に上限が設定されているため、環境構築に必要なリソースを確保できるようサービスクォータを確認し、不足分については引き上げリクエストを実施します。OpenShift クラスタ構築に必要な各種リソースの詳細についてはドキュメント[7]を確認の上、自身の AWS アカウントでリクエストを実施し、必要なクォータ値を確保してください。以降では EC2 のオンデマンドインスタンスの引き上げリクエスト方法を示します。

＊7　https://docs.redhat.com/ja/documentation/openshift_container_platform/4.16/html/installing_on_aws/installation-aws-limits_installing-aws-account#installation-aws-limits_installing-aws-account

49

第 2 章 OpenShift Virtualization の導入

○サービスクォータの設定

まず AWS のマネジメントコンソールでサービスクォータ画面を開き、［Amazon Elastic Compute Cloud（Amazon EC2）］を選択します（Figure 2-13）。

Figure 2-13　サービスクォータの設定

クォータの検索画面にて、「On-demand Standard」と入力し、［Running On-Demand Standard（A, C, D, H, I, M, R, T, Z) instances］を選択します。［アカウントレベルでの引き上げをリクエスト］をクリックし、クォータ値を入力します。ここでのクォータ値は、実行中のオンデマンドインスタンスに割り当て可能な vCPU の最大数を表しています。そのためベアメタルインスタンスを含む OpenShift クラスタを動かすのに十分な値として「300」を入力します。数値を入力したら［リクエスト］をクリックします。リクエストを実施してから実際に設定が反映されるまでは時間がかかることがあるため、構築作業前に余裕を持って実施しましょう。

2-4-2　IPI インストールの実行

それでは OpenShift のインストールを実施していきます。OpenShift のインストールに関わる設定は install-config.yaml というファイルで管理します。まずはじめに install-config.yaml ファイルを作成して、次に OpenShift クラスタの構築を行い、構築完了後にコンソールにログインできることを確認します。最後にクラスタ構築後の設定として、ベアメタルインスタンスをクラスタに追加し仮想マシンを起動するための準備を行います。一つずつ構築のステップを確認していきましょう。

■ install-config.yaml の作成

OpenShift のインストール設定は `openshift-install` コマンドによって作成される `install-config.yaml` に記述します。デフォルトの設定では、Control Plane ノードが 3 つ、Compute ノードが 3 つの計 6 台のノードでクラスタが構築されます。Control Plane ノードでは、スケジューラや、コントローラ、API サーバなどのクラスタの管理コンポーネントを実行し、Compute ノードではユーザのワークロードを実行します。

今回はこの設定を変更し、Control Plane ノードと Compute ノードの役割を、それぞれのノードが兼用する、3 ノード構成のクラスタを構築します。これにより、Control Plane ノードにユーザワークロードをスケジュールすることができ、全体のサーバコストを抑えながら OpenShift クラスタを構築できます（Figure 2-14）。`install-config.yaml` で 3 ノードクラスタを作成するための設定方法を確認します。

Figure 2-14　3 ノード構成の OpenShift クラスタ

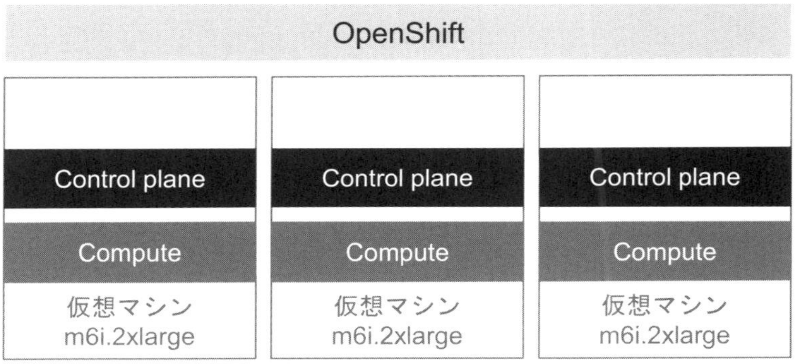

CLI ツールをインストールした作業環境で、以下のコマンドを実行し、利用するプラットフォームやリージョンなどの情報をインタラクティブに入力します。設定の中で、事前に準備したドメインや、CLI のインストール時にダウンロードしておいた Pull secret の情報を入力します。完了すると指定したディレクトリ（今回の例では `./mycluster`）に `install-config.yaml` が作成されます。

```
## install-config.yaml の作成
$ openshift-install create install-config --dir=./mycluster
? Platform aws ## 利用プラットフォーム
INFO Credentials loaded from the "default" profile in file "/home/ec2-user/.aws/credentials"
? Region ap-northeast-1 ## 利用するリージョン
? Base Domain kubevirt-book-trial.com ## 利用するドメイン
? Cluster Name my-kvirt ## クラスタ名
```

第 2 章 OpenShift Virtualization の導入

```
? Pull Secret [? for help] ****** ## あらかじめ取得した Pull secret を設定
INFO Install-Config created in: mycluster
```

作成した install-config.yaml に対し、テキストエディタで以下の変更を加えます。エディタに関しては自身が利用しやすいものを使ってください。

- Compute ノードの数を 0 に変更
- 単一の Availability Zone を利用するよう変更
- Control Plane ノードのインスタンスタイプ変更
- SSH のための公開鍵を追加

○ Compute ノード数の変更

まず Compute ノード数の変更です。デフォルトでは .compute[0].replicas: 3 が設定されていますが、こちらを 0 に変更します。これによりクラスタの Control Plane ノードにもアプリケーションコンテナをスケジュールできる、3 ノード構成ができあがります。

なお検証以外の用途でクラスタを構築する場合に関しては、こちらの変更は行わず、Control Plane ノードの役割を Compute ノードと分けることを推奨します。

```
...
compute:
- name: worker
  replicas: 0 ##3（デフォルト値）から変更
...
```

○ Availability Zone（AZ）の変更

続いて Availability Zone（AZ）に関する設定を変更します。デフォルトの設定では、単一のリージョン内で冗長性を担保するため 3AZ にまたがったリソースが作成されますが、本書においては最小限のリソースでの構築を行うため、単一の AZ を利用するよう変更を加えます。

```
...
compute:
- name: worker
```

52

● 2-4 OpenShift クラスタの構築

```
  platform:
    aws:
      zones:
      - ap-northeast-1a ## 単一 AZ のみを指定
  replicas: 0
...
...
controlPlane:
  name: master
  platform:
    aws:
      zones:
      - ap-northeast-1a ## 単一 AZ のみを指定
  replicas: 3
...
```

○インスタンスタイプの変更

AWS の IPI インストールでは Control Plane ノードのデフォルトとして m6i.xlarge（4vCPU/16GiB メモリ）が設定されます。今回は、OpenShift Virtualization の動作検証ができるリソースを確保するため、こちらを m6i.2xlarge（8vCPU/32GiB メモリ）に変更します。

```
...
controlPlane:
  name: master
  platform:
    aws:
      type: m6i.2xlarge
...
```

○公開鍵の追加

最後にクラスタ構築後にノードにアクセスするための公開鍵を設定します。こちらを設定しておくことにより、構築後のデバッグ作業を SSH 経由で行えます。まず ssh-keygen コマンドで公開鍵と秘密鍵のペアを作成します。

```
## SSH 鍵ペアの作成
$ ssh-keygen -t ed25519
```

第 2 章 OpenShift Virtualization の導入

```
## 公開鍵の確認
$ cat ~/.ssh/id_ed25519.pub
ssh-ed25519 AAAA...
```

作成した公開鍵の情報を `install-config.yaml` の `.sshKey` に設定しましょう。

```
...
sshKey: |
  ssh-ed25519 AAAA... ## 作成した公開鍵の情報を設定
...
```

○バックアップの作成

　以上で `install-config.yaml` の準備が整いました。作成したファイルについては、クラスタ構築を開始する前にバックアップを作成してください。また本書で設定した以外で追加の設定を実施したい場合はドキュメント[8]を参照してください。

```
## バックアップの作成
$ cp ./mycluster/install-config.yaml ~/install-config-bkup.yaml
```

■ OpenShift クラスタ構築の実行

　OpenShift クラスタの構築を開始するには `install-config.yaml` が存在するディレクトリを指定し、以下のコマンドを実行します。

```
## OpenShift クラスタの構築開始
$ openshift-install create cluster --dir=./mycluster
INFO Credentials loaded from the "default" profile in file "/home/ec2-user/.aws/credentia
ls"
WARNING Making control-plane schedulable by setting MastersSchedulable to true for Schedul
```

＊8　https://docs.redhat.com/ja/documentation/openshift_container_platform/4.16/html/installing_on_
　　aws/installing-aws-customizations

```
er cluster settings
...
```

コマンドを実行するとインストールの進行状況に関するログが表示されます。インストールを開始してから約 40 分ほどでクラスタの構築が完了し、OpenShift コンソールへのアクセスが可能となります。インストールログの終盤に、OpenShift コンソールの URL やアクセスのための認証情報が表示されるため、これらの情報を保存しておきましょう。

```
...
INFO Install complete!
INFO To access the cluster as the system:admin user when using 'oc', run 'export KUBECONFI
G=/home/ec2-user/mycluster/auth/kubeconfig'
INFO Access the OpenShift web-console here: https://console-openshift-console.apps.my-kvi
rt.kubevirt-book-trial.com
INFO Login to the console with user: "kubeadmin", and password: "xxxxxxxxxxxxxxx"
INFO Time elapsed: 37m17s
```

インストール時に指定したディレクトリ（例では./mycluster）配下に、/auth というディレクトリが作成されており、認証情報はこのディレクトリ内のファイルでも確認できます。OpenShift コンソールと OpenShift の API サーバの URL は以下のルールに従います。ログを見逃した場合はここからアクセスしましょう。

○ OpenShift コンソール
```
https://console-openshift-console.apps.{クラスタ名}.{ベースドメイン}
```

○ OpenShift API サーバ
```
https://api.{クラスタ名}.{ベースドメイン}:6443
```

■ OpenShift クラスタへのログイン

構築が完了した OpenShift クラスタにアクセスするため、ブラウザから OpenShift コンソールの URL を開きましょう。OpenShift は構築時に自己署名証明書を作成して構築されるため、ブラウザの警告画面が表示されます。この警告を無視して URL にアクセスすると、ログイン画面が表示されます（Figure 2-15）。

第 2 章 OpenShift Virtualization の導入

Figure 2-15　OpenShift ログイン画面

先ほど確認したクラスタの認証情報を入力し、［ログイン］をクリックします。ログインが成功すると OpenShift コンソール画面にアクセスできます（Figure 2-16）。

Figure 2-16　OpenShift コンソールの表示

コンソールだけでなく、OpenShift CLI からも認証を行います。作業環境にて `oc login` コマンドを実行します。ブラウザでのアクセス時と同様に、自己署名証明書利用による警告が表示されますが、警告を無視してログインを行います。

```
## API サーバに対する認証
$ oc login -u kubeadmin -p {パスワード} https://api.my-kvirt.kubevirt-book-trial.com:6443
...
```

● 2-4 OpenShift クラスタの構築

```
Login successful.

You have access to 69 projects, the list has been suppressed. You can list all projects w
ith 'oc projects'

Using project "default".
Welcome! See 'oc help' to get started.
```

これでコンソール、および CLI でクラスタのリソースを操作する準備が整いました。

 Column　サーバ証明書の設定

　実務で OpenShift クラスタを構築する場合、デフォルトで設定される自己署名証明書ではなく、外部の認証局により発行された証明書を設定することが推奨されます。OpenShift では cert-manager Operator をサポートしており、これを使うことで有効な証明書の取得と更新の管理が可能です。cert-manager Operator では以下の発行者タイプをサポートしています。

- 自動証明書管理環境（ACME）
- 認証局（CA）
- 自己署名
- Vault
- Venafi

　利用の際は以下のドキュメントを参照し、自身の利用タイプに合わせた設定を行ってください。

○ cert-manager Operator for Red Hat OpenShift
https://docs.redhat.com/ja/documentation/openshift_container_platform/4.16/html-single/security_and_compliance/index#cert-manager-operator-about

2-4-3　ベアメタルインスタンスの追加

　OpenShift Virtualization で仮想マシンを実行するには、ベアメタルサーバが必要となります。クラスタを構築した段階ではベアメタルサーバは含まれていないため、ノードの追加を行います（Figure 2-17）。

Figure 2-17 ベアメタルインスタンスの追加

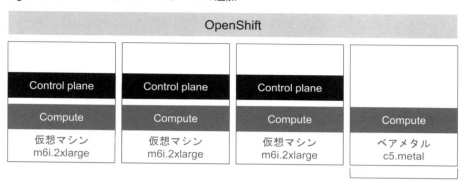

OpenShiftではクラスタを構成するノードを、MachineSet、Machineというリソースで管理しています。ベアメタルインスタンスを追加するにはクラスタ構築時に作成されたMachineSetを編集し、インスタンスタイプとレプリカ数の変更を行います。以下のとおりコマンドを実行してください。

```
## 既存の MachineSet の確認
$ oc get machineset -A
NAMESPACE                NAME                                        DESIRED   CURRENT  ... AGE
openshift-machine-api    my-kvirt-9lnls-worker-ap-northeast-1a       0         0        ... 46m

## MachineSet の編集
$ oc edit machineset -n openshift-machine-api my-kvirt-9lnls-worker-ap-northeast-1a
## 以下 2 箇所を変更
...
spec:
  replicas: 1    ## レプリカ数を 0 から 1 に変更
...
  template:
    spec:
      providerSpec:
        value:
          instanceType: c5.metal ## インスタンスタイプを変更
...
```

MachineSetの変更を反映すると、ベアメタルインスタンスのプロビジョニングが開始します。ベアメタルインスタンスは仮想マシンのインスタンスと比較し、起動してから利用可能になるまで時間を要します。筆者の環境では20分程度かかりました。oc get nodeコマンドを実行し、追加されたノードのSTATUSがReadyとなれば準備完了です。

● 2-5　OpenShift Data Foundation のインストール

```
## Node の一覧表示
$ oc get node
NAME                                          STATUS   ROLES                          ...
ip-10-0-14-127.ap-northeast-1.compute.internal   Ready    control-plane,master,worker ...
ip-10-0-21-126.ap-northeast-1.compute.internal   Ready    worker      ## 追加ノード    ...
ip-10-0-55-239.ap-northeast-1.compute.internal   Ready    control-plane,master,worker ...
ip-10-0-60-19.ap-northeast-1.compute.internal    Ready    control-plane,master,worker ...
```

2-5　OpenShift Data Foundation のインストール

OpenShift Virtualization を利用するためには、仮想マシンにアタッチするディスクとして、ストレージサービスが必要です。AWS 環境で OpenShift の構築を行うと、デフォルトで Amazon Elastic Block Store（Amazon EBS）をバックエンドとした、Persistent Volume（PV）が払い出せます。これはクラスタをインストールする過程で Amazon EBS の CSI ドライバが自動的にインストールされ、設定されるためです。

しかし、Amazon EBS はストレージのアクセスモードとして ReadWriteOnce（RWO）のみをサポートしており、ストレージをアタッチした単一のノードからしか PV へのデータアクセスができません。

本書では、第 4 章で仮想マシンのノード間移行を実現するライブマイグレーション機能を紹介します。この機能を利用するには、複数ノードから PV への読み書きが可能なストレージが必要となります。そこで、今回は ReadWriteMany（RWX）のアクセスモードに対応した OpenShift Data Foundation（ODF）を仮想マシンのストレージサービスとして利用します。

2-5-1　Operator による OpenShift Data Foundation のインストール

ODF はオープンソースの Rook-Ceph、Ceph CSI Driver、NooBaa を包含したストレージサービスであり、幅広いユースケースに対応する Software Defined Storage（SDS）サービスです。一般にストレージには、ブロックストレージ、ファイルストレージ、オブジェクトストレージの 3 種類がありますが、ODF ではこれらすべてを利用できます。またオンプレミス、クラウドなど利用する環境を選ばないため、アプリケーションからは実行環境を意識することなくストレージサービスを利用できます。

ODF の利用には、OpenShift とは別に有効なサブスクリプションが必要となります。本書では 60 日間無償で利用可能なトライアルサブスクリプションを利用します。以下の URL にアクセスし、必要なサブスクリプションを払い出してください。

第 2 章 OpenShift Virtualization の導入

◦ Try Red Hat OpenShift Data Foundation
https://www.redhat.com/en/technologies/cloud-computing/openshift/data-foundation/trial

　ODF は OpenShift の管理者画面にある OperatorHub を通じてインストールを行います。OperatorHub の検索ウィンドウに「openshift data foundation」と入力し、[OpenShift Data Foundation Operator] を選択します（Figure 2-18）。
　インストール時に［更新チャネル］［バージョン］など複数の設定項目について確認がありますがデフォルトの設定のままインストールを行います。

Figure 2-18　ODF Operator のインストール

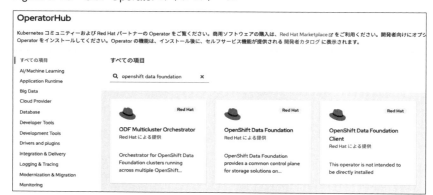

　ODF Operator のインストール後、OpenShift コンソール画面を一度更新し、[StorageSystem の作成] をクリックします。StorageSystem では、ODF の Deployment タイプや、利用する容量の設定などを実施します。以下のとおり設定を行いましょう。特に指定がないものについてはデフォルトの設定を適用してください。

◦ バッキングストレージ
- Deployment タイプ［Full deployment］
- バッキングストレージのタイプ：［既存の StorageClass の使用］ - ［gp3-csi］
- ［Ceph RBD をデフォルトの StorageClass として使用する］にチェック

◦ 容量およびノード
- 要求された容量：［0.5TiB］
- ノードの選択：表示されたノードのうち任意の 3 つにチェック

● 2-6 OpenShift Virtualization のインストール

● パフォーマンスの設定：［Lean モード］[9]

設定が完了したら［StorageSystem の作成］をクリックします。ステータスに［Conditions: Available］
と表示されれば利用準備は完了です。作業環境から以下のコマンドを実行すると、ODF をインストー
ルしたことで新たな StorageClass が追加されたことが確認できます。

```
$ oc get storageclass
NAME                                     PROVISIONER                           RECLAIM ..
gp2-csi                                  ebs.csi.aws.com                       Delete  ..
gp3-csi (default)                        ebs.csi.aws.com                       Delete  ..
ocs-storagecluster-ceph-rbd (default)    openshift-storage.rbd.csi.ceph.com    Delete  ..
ocs-storagecluster-cephfs                openshift-storage.cephfs.csi.ceph.com Delete  ..
openshift-storage.noobaa.io              openshift-storage.noobaa.io/obc       Delete  ..
```

インストール直後の状態では、元から存在した gp3-csi と、新たに追加された ocs-storagecluster-ceph-rbd
の両方がデフォルトの StorageClass として設定されているため、以下のコマンドを実行し、gp3-csi を
デフォルトの StorageClass 設定から外しておきます。

```
$ oc patch storageclass gp3-csi --type='merge' \
-p '{"metadata": {"annotations": {"storageclass.kubernetes.io/is-default-class": "false"}}}
```

2-6 OpenShift Virtualization のインストール

最後に、OpenShift Virtualization Operator のインストールを実施します。OpenShift Virtualization Operator
は仮想マシン利用に関わる複数の Operator を管理するメタ Operator となっており、KubeVirt プロジェク
トにおいては Hyperconverged Cluster Operator という名前で開発が進められています（Figure 2-19）[10]。

＊9　パフォーマンス設定の Lean モードとは、リソースに制約のある環境で ODF を実行するための利用方法です。実
　　　務においては Balanced 以上のモードを選択してください。

＊10　https://github.com/kubevirt/hyperconverged-cluster-operator

第 2 章 OpenShift Virtualization の導入

Figure 2-19　OpenShift Virtualization が管理する Operator

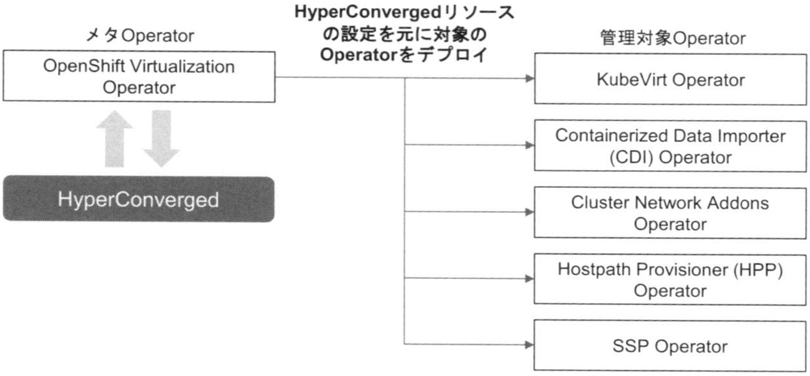

OpenShift Virtualization Operator で管理する Operator とその役割は **Table 2-4** のとおりです。

Table 2-4　OpenShift Virtualization Operator で管理する Operator

Operator	概要
KubeVirt Operator	仮想マシン操作を行うためのカスタムリソースや、Virt API や Virt handler、Virt controller などのコンポーネントをクラスタに展開し管理
Containerized Data Importer (CDI) Operator	仮想マシンのディスクイメージを PV として管理するためのカスタムリソースとコントローラを提供
Cluster Network Addons Operator	仮想マシンを標準の Pod ネットワークだけでなく、追加ネットワークに接続するための各種コンポーネントを提供
Hostpath Provisioner (HPP) Operator	ノードのホストパスを指定した PV を作成するための CSI ドライバを提供
SSP Operator	仮想マシン構築時に利用可能な標準テンプレートやインスタンスタイプを提供

OpenShift Virtualization Operator は、HyperConverged というカスタムリソースの設定を通じて、管理対象の Operator のインストールと設定を行います。

2-6-1　Operator による OpenShift Virtualization のインストール

OperatorHub から OpenShift Virtualization のインストールを行います。OperatorHub の検索ウィンド

● 2-6 OpenShift Virtualization のインストール

ウに「kubevirt」と入力し［OpenShift Virtualization］を選択します（Figure 2-20）。

Figure 2-20　OpenShift Virtualization Operator のインストール

インストール時の設定項目はすべてデフォルトのままインストールを実施します。Operator のインストールが完了するまで、数分程度かかります。

画面に緑色のチェックマークが表示され、インストールが完了したら［HyperConverged の作成］をクリックします。HyperConverged カスタムリソースの作成は GUI で設定を行う［フォームビュー］、および YAML ファイルを直接編集する［YAML ビュー］から実施できます。今回は［フォームビュー］を選択し、すべてデフォルト設定のまま画面をスクロールし、［作成］をクリックします。

ステータスが［Conditions:ReconcileComplete, Available, Upgradeable］となれば利用準備は完了です。一度 OpenShift コンソールを更新すると、画面左のメニューに［Virtualization］が追加されます。これで仮想マシンの操作を行う準備が整いました（Figure 2-21）。

Figure 2-21　Virtualization 画面の追加

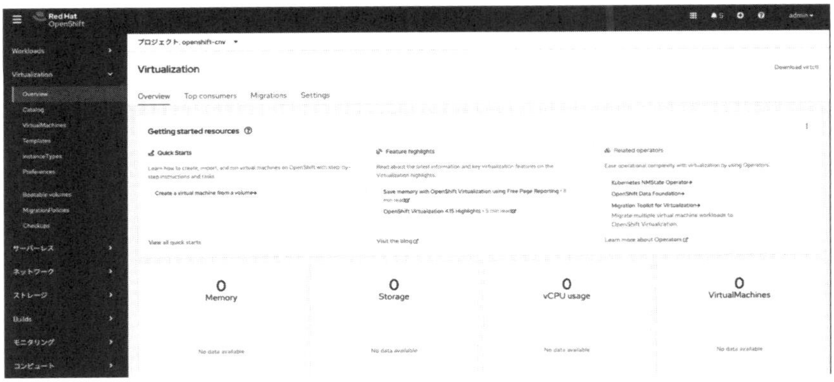

63

第 2 章 OpenShift Virtualization の導入

2-7　まとめ

　本章では KubeVirt のアーキテクチャの確認を行うとともに、AWS 上で OpenShift クラスタを構築し、OpenShift Virtualization のインストールを実施しました。OpenShift Virtualization が提供するさまざまな機能を利用するには、ストレージや関連する Operator の準備が必要です。今回は Kubernetes ディストリビューションとして OpenShift を利用することで、必要な Operator のインストールや、設定をコンソールを通じて簡単にセットアップできました。

　次章では OpenShift Virtualization を使って仮想マシンを起動し、操作を行います。コンテナ基盤上で仮想マシンを利用することのメリットについて、実践を通じてより具体的に理解していきます。

第3章

OpenShift Virtualization で管理する仮想マシン

本章では、Kubernetes によって管理する仮想マシンの特徴や技術要素について説明します。特に「コンテナとして実行される仮想マシンは何が変わるのか」という視点から、仮想マシンが使うネットワークやストレージの取り扱いについて学んでいきましょう。

OpenShift Virtualization が実現する仮想マシンの管理では、Kubernetes におけるストレージやネットワークの仕組みを流用しています。そのため、Kubernetes の仕組みを理解すると、OpenShift Virtualization への理解がより深まります。

本章の後半では、OpenShift Virtualization の環境を利用して、仮想マシンを作成します。その中で、仮想マシンの YAML ファイルの詳細について学んでいきましょう。

第 3 章 OpenShift Virtualization で管理する仮想マシン

3-1 仮想マシンを構成する要素

　仮想マシンでは、物理マシンをソフトウェアにより再現することで、1 台の物理マシン上で複数の
マシンを仮想的に起動し、管理することを可能とします。仮想マシンであっても物理マシンであって
も、それらを構成する要素に違いはありません。仮想マシンでは、構成要素がソフトウェアにより仮
想的に再現されています。

　OpenShift Virtualization では、KVM や QEMU によって仮想マシンの構成要素がソフトウェアとして
実行されます。また、仮想マシンの死活監視や、スケジューリングは、Kubernetes が管理します。

　仮想マシンの主な構成要素は、以下のとおりです。これらの要素について一つずつ確認していきま
しょう。

- 仮想 CPU
- 仮想メモリ
- 仮想 I/O
- 仮想ディスク（イメージ）
- ゲスト OS

3-1-1 CPU・メモリ・I/O

　現在一般に広く利用されるコンピュータは CPU、メモリ、および I/O（入出力デバイス）を備えて
います。

　コンピュータは、演算処理を行うことを目的とする装置であり、その中心的な役割を担うのが CPU
です。CPU は、演算を行うために必要なデータや、演算結果として得られたデータを一時的に保持す
るため、メモリと連携します。またコンピュータは、入力デバイスを用いて操作を受け付け、その結
果を人間や他のコンピュータが認識できる形で出力デバイスに送ります。この入力デバイスと出力デ
バイスをまとめて I/O と表現します。コンピュータには、これら I/O と接続するための複数のインター
フェースが備わっています。

　Kubernetes 上で実行される仮想マシンにも、CPU、メモリ、I/O のリソースが割り当てられます。
OpenShift Virtualization では、ホスト OS 上で動作する KVM と、コンテナ内で実行される QEMU プロ
セスが連携することで、これらのリソースがソフトウェアとしてエミュレートされ、仮想マシンが起
動します。また、コンテナ内で実行される libvirt プロセスによって、仮想マシンのライフサイクルが
管理されます。

66

● 3-1 仮想マシンを構成する要素

仮想マシンを実行するためのコンテナは、専用の Pod（Virt launcher Pod）として Kubernetes により管理されます。この仕組みによって、仮想マシンは Kubernetes のスケジューラにより適切なノードに配置され、柔軟かつ効率的なリソース利用が可能となります。

3-1-2　ゲスト OS と仮想ディスク（イメージ）

「ゲスト OS」とは、仮想マシン上で動作するオペレーティングシステム（OS）のことです。KVM（Kernel-based Virtual Machine）を利用した仮想環境では、ホスト OS として Linux が動作し、その上で仮想マシンを実行します。それぞれの仮想マシンには、独立したゲスト OS がインストールされて動作します。

仮想マシンに OS をインストールするには、OS 提供者（ベンダやコミュニティ）が配布するイメージファイルを利用します。イメージファイルには、OS のインストールや実行に必要なデータが含まれており、ブートローダ、OS カーネル、設定ファイル、ドライバなどが格納されています。仮想環境では、このイメージファイルを利用して OS をセットアップします。

OS のインストールに使用される代表的なイメージファイルの形式には、次のものがあります。

- ISO：CD/DVD の内容をそのままファイル化した形式。OS のインストールメディアとして一般的に使用される。
- QCOW2：KVM/QEMU 向けの仮想ディスクフォーマットで、スナップショット機能や圧縮機能を備えている。
- RAW 形式：シンプルな仮想ディスクフォーマットであり、幅広い仮想環境で利用可能。

たとえば、Red Hat Enterprise Linux（RHEL）や Fedora は、ISO 形式と QCOW2 形式の両方で OS イメージを提供しています。これらのイメージは公式サイトからダウンロードできます[1]。

また、Microsoft Windows Server では、ISO 形式に加えて「VHD」形式も提供されています[2]。VHD は、Microsoft のハイパーバイザである Hyper-V、Microsoft Azure 環境で利用される形式です。

OpenShift Virtualization では、仮想マシンを作成する際に、ISO 形式または QCOW2 形式の OS イメージを利用できます。

仮想マシンには、複数の仮想ディスクを追加し、必要に応じてアタッチ（接続）できます。ここでいう「ディスク」とは、物理ストレージやホストマシン上のストレージを論理的に分割し、各仮想マ

＊1　https://fedoraproject.org/ja/cloud/download
＊2　https://www.microsoft.com/ja-jp/evalcenter/download-windows-server-2022

67

シンに割り当てられた記憶領域を指します。

仮想マシンを作成すると、OS をインストールしてインスタンスを起動するために使用される「ルートディスク（Root Disk）」が自動的に作成されます。必要に応じて「データディスク」を追加し、保存容量を拡張することも可能です。また、仮想的な CD-ROM デバイスに ISO イメージファイルをマウントし、それを用いて OS をインストールできます。さらに、仮想マシンの作成シーケンスや初期設定などで一時的に使用される「一時ディスク（エフェメラルディスク）」も存在します。

これら仮想マシンのディスクは、スナップショット（特定時点のコピー）を作成してバックアップとして保存できます。このバックアップは、システム障害やデータ復旧の際に役立ちます。

3-1-3　仮想マシンのネットワーク

複数の仮想マシン同士が通信したり、仮想マシンが外部のデバイスと通信するためには、仮想マシンがネットワークに参加する必要があります。

本項では、Kubernetes のネットワークの仕組みについて詳しく見ていきます。この内容を理解することで、OpenShift Virtualization における仮想マシンのネットワーク構成をより深く理解することができます（Figure 3-1）。

Figure 3-1　Kubernetes におけるネットワークの仕組み

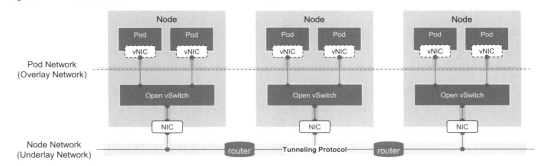

OpenShift Virtualization で管理される仮想マシンの vNIC が接続するネットワークは、Kubernetes のオーバーレイネットワークです。

Kubernetes におけるオーバーレイネットワークは、Pod がスケジュールされた Compute ノードを意識せず、同じ仮想ネットワーク上で通信できるようにする仕組みです。これを実現するために、Kubernetes では CNI（Container Network Interface）プラグインが利用されます。CNI プラグインは、Pod のネットワークインターフェースの設定や、ネットワークポリシーを管理します。OpenShift では、バージョン

4.14 以降、「OVN-Kubernetes CNI」が採用されており、柔軟で高性能なネットワーク構成を提供します。

まず、Kubernetes ネットワークにおける同一ノード内の Pod 同士の通信について確認します。この通信は OSI 参照モデルの L2（レイヤ 2、データリンク層）で行われます。データリンク層では、MAC アドレスの管理やフロー制御が行われます。OpenShift Virtualization においては、仮想マシン同士の通信は、Virt launcher Pod に付与された vNIC の MAC アドレスを宛先として実行されるため、同一ノード内の通信はシンプルかつ効率的に行われます。

次に、異なるノード間での Pod 同士の通信についてです。Kubernetes では各 Pod がどのノード上で動作しているかを意識する必要がありません。ノードをまたいだ通信も、同一ノード内の通信と同様に行われます。ただし、ノードが異なる L2 ネットワークに属しており、ルータを介して L3（レイヤ 3、ネットワーク層）で通信する必要がある場合、Pod 同士が MAC アドレスを宛先として通信できる仕組みが必要です。この仕組みを実現するのが「L2 over L3」または「トンネリング」と呼ばれる技術です。

L2 over L3 は、レイヤ 3 のネットワーク層に仮想的なトンネルを構築し、そのトンネル内で L2 レベルの通信トラフィックをカプセル化して送受信する技術です。この技術により、ノード間の通信も MAC アドレスを利用してシームレスに実現できます。クラウドコンピューティングや分散コンピューティングでは、この技術が不可欠です。

OVN-Kubernetes では、トンネリングプロトコルとして「Geneve（Generic Network Virtualization Encapsulation）」が採用されています。Geneve は、VXLAN や GRE といった既存のトンネリングプロトコルの利点を取り入れつつ、拡張性と柔軟性を強化した設計が特徴です。

3-2　仮想マシンの作成

ここからは OpenShift Virtualization の機能に準拠した仮想マシンの作成方法を説明します。OpenShift Virtualization における仮想マシンの作成方法は、以下の 3 通りが存在します。

- YAML ファイルの適用
- Template から作成
- Instance Type から作成

「YAML ファイルの適用」は、仮想マシンを YAML ファイルを用いて管理する方法です。OpenShift Virtualization において管理される仮想マシンは、その他の OpenShift で扱われるリソース同様に YAML 形式で表現できます。そのため、クラスタにデプロイしたい仮想マシンの状態を記載した YAML ファイルを用意してクラスタに適用すれば、すぐに仮想マシンが作成できます。

第 3 章 OpenShift Virtualization で管理する仮想マシン

しかし、一から仮想マシンの YAML ファイルを作成するのは困難です。そこで、本節ではまず、Template から作成する方法を紹介します。また、作成した仮想マシンの YAML ファイルを元に別の仮想マシンを作成するといった内容にも挑戦します（Figure 3-2）。

Figure 3-2　Template を利用した仮想マシン作成

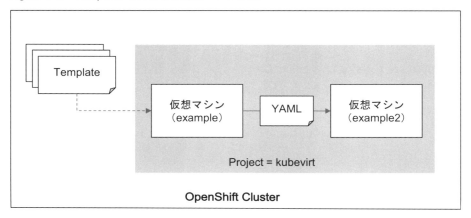

「Template から作成」は、OpenShift Virtualization の独自機能です。この機能を利用することで、仮想マシンの細かな設定変更が可能となり、その設定を新しい Template として保存することもできます。一度 Template を作成すれば、同じ設定の仮想マシンを迅速に作成することができます。

「Instance Type から作成」も、同様の機能を提供します。Instance Type は、仮想マシンのハードウェア関連の設定をテンプレート化したもので、標準化された設定を簡単に適用できる仕組みです。この方法を用いることで、仮想マシンの作成や管理を効率的に行えます。

Instance Type は、以下のような設定を定義できます。

- CPU やメモリのリソース
- ディスクの種類
- その他ハードウェアに関連する設定

これにより、ユーザは一貫性のある仮想マシンの構成を素早く適用できます。

なお、本書では、よりカスタマイズ性の高い「Template から作成」の方法を中心に解説します。「Instance Type から作成」を試してみたい場合は、OpenShift Virtualization のドキュメント[3]を参照してください。

---

[3] https://docs.redhat.com/ja/documentation/openshift_container_platform/4.16/html-single/virtualization/index#virt-creating-vm-instancetype_virt-creating-vms-from-instance-types

3-2-1　プロジェクトの作成

Template から Fedora の仮想マシンを作成する前に、仮想マシンをデプロイするためのプロジェクトを作成します。

プロジェクトとは、クラスタを論理的に分割する Kubernetes リソースである Namespace をラップし、さらにメタデータなどを追加した OpenShift の拡張機能です。ただし、Project = Namespace として理解しても、作業上の問題はありません。

OpenShift のログイン後の画面で「開発者表示」に切り替え、プロジェクトのプルダウンから「プロジェクトの作成」をクリックします（Figure 3-3）。

Figure 3-3　プロジェクトの作成

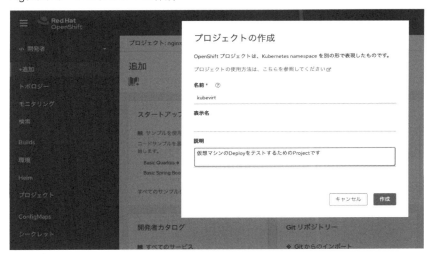

プロジェクトを作成する際には、以下の項目に値を設定します。

- 名前（必須）：プロジェクトの名称です。OpenShift クラスタ内でユニークな名前を設定する必要があります。
- 表示名（任意）：「名前」とは別に表示名称を設定できます。
- 説明（任意）：プロジェクトの用途や目的を説明文として記載することができます。

今回はプロジェクトの名前を「kubevirt」とし、その他の項目は空欄とします。「作成」をクリックしてプロジェクトを作成してください。

第 3 章 OpenShift Virtualization で管理する仮想マシン

3-2-2　Fedora の Template から仮想マシンを作成

プロジェクト「kubevirt」が選択された状態で、OpenShift コンソールの「追加」メニューをクリックすると、Project にさまざまなリソースを追加できる画面に遷移します。

ここで「VirtualMachines」をクリックします（Figure 3-4）。

Figure 3-4　VirtualMachine の追加

すると、OpenShift Virtualization で最初から利用できる Template の一覧を確認できる画面に遷移します（Figure 3-5）。

Figure 3-5　Template 一覧

Linux については、RHEL やオープンソースの CentOS Stream、Fedora の Template が用意されています。Microsoft Windows については、デスクトップ版と Windows Server の Template が用意されています。

ここでは「Fedora VM」をクリックしてください（Figure 3-6）。

Figure 3-6　Fedora VM の Template

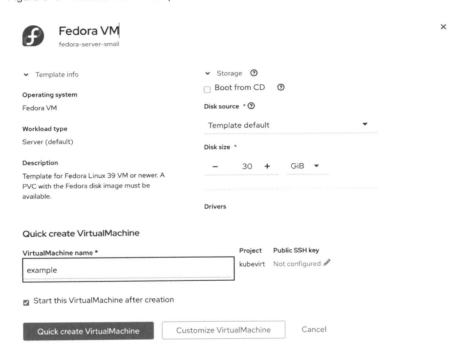

Template としてあらかじめ準備された項目に対し、設定のカスタマイズが可能です。今回は仮想マシンの名称のみを変更しておきます。「VirtualMachine name」欄には「example」と入力します。変更後、「Quick create VirtualMachine」をクリックすると仮想マシンの起動が始まります。

3-2-3　仮想マシンの操作

仮想マシンを作成すると、自動的に仮想マシンの詳細画面に遷移します。しばらくすると仮想マシンが起動し、Status が「Running」に変わります（Figure 3-7）。

第 3 章 OpenShift Virtualization で管理する仮想マシン

Figure 3-7　仮想マシンの詳細画面

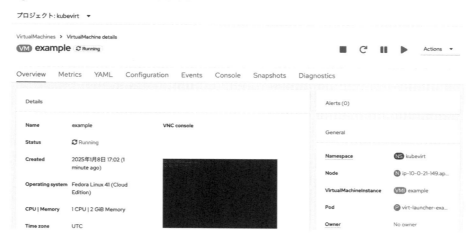

「Console」タブから、バーチャルコンソール画面にアクセスし、仮想マシンにログインできます。「Guest login credentials」メニューを開き、ログインに必要な情報である User name と Password を使って仮想マシンにログインしましょう。「ファイルマーク」ボタンと「Paste」ボタンを使うと、バーチャルコンソール画面に文字列を簡単にコピー＆ペーストできます（Figure 3-8）。

Figure 3-8　仮想マシンにログイン

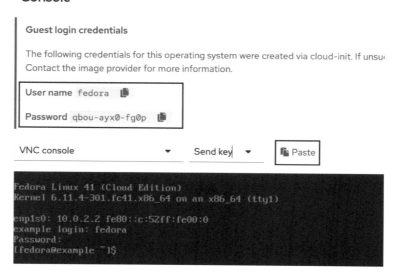

● 3-2 仮想マシンの作成

ログインできたらコマンド実行してみましょう。試しに Red Hat 系 Linux のパッケージ管理の仕組みである yum を用いて、Fedora にインストールされているソフトウェアパッケージをアップデートしてみます。

```
[fedora@example ~]$ sudo yum update -y
```

仮想マシンにインストールされているソフトウェアパッケージをアップデートできました。

次に、以下のコマンドを実行して仮想マシン内に新規ファイルを作成し、そのファイルの中身を確認します（Figure 3-9）。

```
[fedora@example ~]$ echo "it is test file." > test.txt
[fedora@example ~]$ cat test.txt
it is test file.
```

Figure 3-9　仮想マシンに新規ファイルを作成

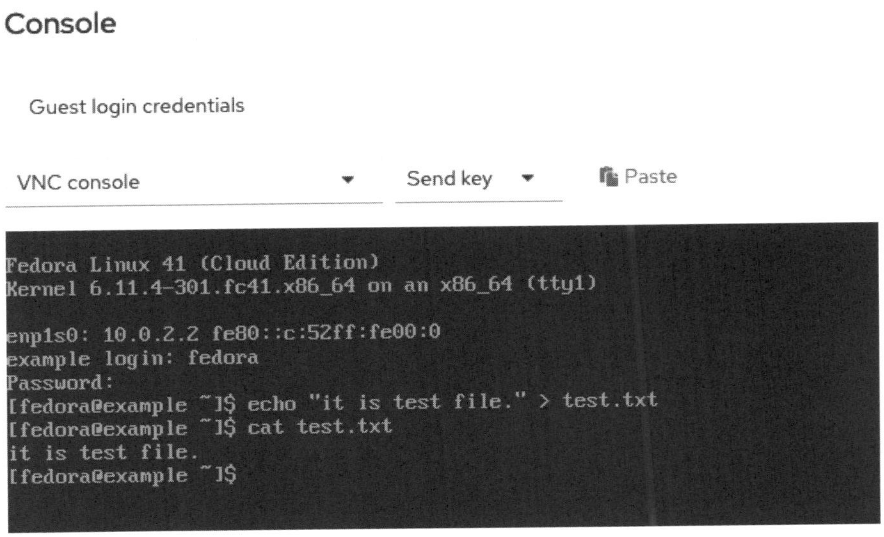

このように、OpenShift のコンソール画面に統合されたバーチャルコンソールを介して仮想マシンを

75

操作できます。

3-2-4　仮想マシンの YAML ファイル

仮想マシンの詳細画面で「YAML」タブをクリックすると、作成した仮想マシンの YAML を確認できます（Figure 3-10）。

Figure 3-10　仮想マシンの YAML 確認

この YAML が起動した仮想マシンの設定を表しており、Kubernetes 上では「VirtualMachine」というカスタムリソースとして扱われます。

カスタムリソース（Custom Resource）は、Kubernetes にユーザが独自に定義したリソースを追加するための仕組みです。Kubernetes の標準リソースでは対応できない特定のニーズやアプリケーション要件に応じて、独自のリソースタイプを定義し、作成および管理することが可能です。

カスタムリソースを利用するためには、カスタムリソース定義（Custom Resource Definition、CRD）ファイルを作成します。この CRD を Kubernetes に登録することで、Kubernetes API がそのカスタムリソースを認識し、リソースのライフサイクル管理を行えるようになります。

たとえば、OpenShift Virtualization を設定すると、API グループ「kubevirt.io/v1」が提供され、この API を通じて「VirtualMachine」というカスタムリソースを作成および管理できるようになります。これにより、Kubernetes 環境で仮想マシンを扱うことが可能になります。

先ほど起動した仮想マシンの YAML には、OpenShift Virtualization が仮想マシンを効率的に管理するために自動的に付与したフィールドが含まれています。ここではそうしたフィールドは省略し、仮想マシンを起動するために必要最低限の要素に絞って解説します。

● 3-2 仮想マシンの作成

```
apiVersion: kubevirt.io/v1
kind: VirtualMachine
metadata: ## ①
  ...
  name: example
  namespace : kubevirt
  ...
spec:
  dataVolumeTemplates: ## ②
    - apiVersion: cdi.kubevirt.io/v1beta1
      kind: DataVolume
      metadata:
      ...
        name: example
      spec:
        sourceRef:
          kind: DataSource
          name: fedora
          namespace : openshift-virtualization-os-images
        storage:
          resources:
            requests:
              storage: 30Gi
  running: true
  template:
    ...
    spec:
      architecture: amd64 ## ③
      domain:
        cpu: ## ④
          cores: 1
          sockets: 1
          threads: 1
        devices: ## ⑤
          disks:
            - disk: ## ⑥
                bus: virtio
              name: rootdisk
            - disk: ## ⑦
                bus: virtio
              name: cloudinitdisk
          interfaces: ## ⑧
            - macAddress: '02:c7:36:00:00:01'
              masquerade: {}
              model: virtio
```

77

第 3 章 OpenShift Virtualization で管理する仮想マシン

```
            name: default
        ...
      machine: ## ⑨
        type: pc-q35-rhel9.2.0
      memory: ## ⑩
        guest: 2Gi
      resources: {}
    networks: ## ⑪
      - name: default
        pod: {}
    ...
    volumes:
      - dataVolume: ## ⑫
          name: example
        name: rootdisk
      - cloudInitNoCloud: ## ⑬
          userData: |-
            #cloud-config
            user: fedora
            password: 0eld-ve4e-6qnx
            chpasswd: { expire: False }
        name: cloudinitdisk
  ...
```

① メタデータ

リソースに付与するメタデータを定義します。最低限必要な要素は仮想マシンインスタンス名と、仮想マシンをデプロイするプロジェクト名です。

② 仮想マシンディスク

仮想マシンのディスクを表現するフィールドで、後述する DataVolume を表します。

③ アーキテクチャ

仮想マシンのチップセットアーキテクチャを指定します。amd64 は x86_64 アーキテクチャに準拠しています。

④ vCPU の情報

仮想マシンインスタンスに割り当てる仮想 CPU（vCPU）の情報を表します。

78

● 3-2 仮想マシンの作成

⑤ デバイスの指定

　仮想マシンに接続するデバイスを指定します。今回は仮想ディスク2つと仮想ネットワークアダプタ1つを指定しています。

⑥ ルートディスク

　仮想マシンのディスクとして rootdisk という名称の Volume を指定します。

⑦ 追加のディスク

　ルートディスクに加えて、cloudinitdisk という名称の Volume を指定します。この Volume の定義も YAML 内の Volumes フィールドに記載されています。

⑧ 仮想ネットワークアダプタ

　仮想マシンに付与された default という名称の仮想ネットワークアダプタです。今回は MAC アドレスが OpenShift Virtualization によって自動的に付与されました。

⑨ チップセットのタイプ

　エミュレートする Intel チップセットのタイプを指定します。たとえば、type: pc-q35-<QEMU のバージョン情報> が使用されます。この値は KubeVirt でサポートされるデフォルトであり、特段の要件がなければそのまま使用してください。[4]

⑩ Memory の情報

　仮想マシンインスタンスに割り当てるメモリの情報です。

⑪ ネットワーク情報

　vNIC が参加するネットワークを指定します。「pod: {}」はデフォルトのオーバーレイネットワークである「Pod Network」を示しています。

⑫ DataVolume の指定

　ルートディスクとして DataVolume を指定します。DataVolume は仮想マシンのディスクイメージを表すカスタムリソースです。詳細については「3-3-1 DataVolume」で説明します。

＊4　https://kubevirt.io/user-guide/compute/virtual_hardware/

第 3 章 OpenShift Virtualization で管理する仮想マシン

⑬ cloud-init ディスク

仮想マシンの初期設定を行うためのディスクです。OpenShift Virtualization では仮想マシンの初回起動時に、エフェメラルディスク（一時的なディスク）を用いて設定を流し込める cloud-init の NoCloud および ConfigDrive データソースをサポートします。今回は NoCloud データソース[5]を選択します。cloud-init については第 4 章で詳しく解説します。

3-2-5　YAML ファイルを適用して仮想マシンを作成する

「3-2-2 Fedora の Template から仮想マシンを作成」において Template から仮想マシンを起動しました。また、「3-2-4 仮想マシンの YAML ファイル」では、その仮想マシンを Kubernetes 上のリソースとして表す YAML ファイルの詳細を確認しました。これらの内容を踏まえ、本項では YAML ファイルを適用して仮想マシンを作成する方法を説明します。

「はじめに」に記載した通り、本書で利用するコードは以下の Git リポジトリで公開しています。自身の作業環境にリポジトリをクローンしてください。

○ OpenShift Virtualization Tutorial

https://gitlab.com/cloudnative_impress/openshift_virtualization_tutorial

まずは仮想マシンを起動するための YAML ファイル「example2.yaml」の内容を確認しておきましょう。

```
## example2.yaml の確認
$  cat ~/openshift_virtualization_tutorial/code-03/example2.yaml
```

この YAML ファイルは、「3-2-4 仮想マシンの YAML ファイル」で確認した YAML ファイル「example.yaml」を元に以下の点を変更しました。

① 仮想マシンの名称

1 つのプロジェクト内で同じ名称の仮想マシンを複数起動することはできないため、「example」とし

＊5　https://docs.redhat.com/ja/documentation/openshift_container_platform/4.16/html-single/
virtualization/index#virt-creating-vm-from-template_virt-creating-vms-from-templates

ていた箇所を「example2」に変更しました。

② MAC アドレス

同一ネットワークに参加する仮想マシンは同じ MAC アドレスを使用できません。そのため、YAML ファイルでは MAC アドレスを空欄にします。MAC アドレスを空欄のまま適用した場合、OpenShift Virtualization が自動的にユニークな MAC アドレスを付与します。

③ ユーザ情報

起動した仮想マシンにログインするためのユーザ情報を変更します。ユーザ名を「fedora-user」、パスワードを「fedora-password」に設定しています。

OpenShift にログイン済みの作業環境のターミナルから以下のコマンドを実行し、YAML ファイル「example2.yaml」を適用して OpenShift クラスタに仮想マシンをデプロイします。

```
## 3 章のディレクトリに移動
$ cd ~/openshift_virtualization_tutorial/code-03/

## 仮想マシン example2 を作成
$ oc apply -f example2.yaml -n kubevirt
```

仮想マシンが作成されると、以下のログがターミナルに出力されます。

```
virtualmachine.kubevirt.io/example2 created
```

OpenShift のコンソール画面からも、仮想マシンが正しく起動したかを確認しましょう。

コンソール画面の管理者パースペクティブ「Virtualization」メニューから「VirtualMachines」を選択します。このとき、プロジェクトとして「kubevirt」を選択してください。「3-2-2 Fedora の Template から仮想マシンを作成」で作成した仮想マシン「example」の他に、YAML ファイルの適用によってデプロイされた仮想マシン「example2」が確認できます（Figure 3-11）。

Figure 3-11　作成済み仮想マシンの一覧

「example2」をクリックすると、仮想マシンの詳細画面に遷移します。

「3-2-3 仮想マシンの操作」で実施した際と同様に「Console」タブからバーチャルコンソールにアクセスし、YAMLファイルに設定したログイン情報を利用して、仮想マシン「example2」にログインできます（Figure 3-12）。

Figure 3-12　仮想マシンへのログイン

- User name: fedora-user
- Password: fedora-password

このように、作成した YAML ファイルを適用することで、その内容に基づいた仮想マシンを OpenShift クラスタにデプロイすることができます。一連の操作を通じて、仮想マシンを Kubernetes 上のリソースとして扱い、YAML ファイルを用いたコード管理が可能であることを確認できました。

3-3　ディスクイメージ

本節では、前節で触れた仮想マシンのディスクイメージについて詳しく説明します。

OpenShift Virtualization では、仮想マシンのディスクイメージは「DataVolume」というカスタムリソースで管理されます。DataVolume は、仮想マシンのディスクイメージを Kubernetes 上のリソースとして表現し、管理するための仕組みです。この仕組みでは、Kubernetes におけるデータ永続化のための仕組みである PersistentVolume が活用され、ディスクイメージの永続化が実現されています。

本節では、Kubernetes 上で仮想マシンのディスクイメージをどのように管理し、データを永続化するかを紹介します。これにより、OpenShift Virtualization が提供する仮想マシン管理の仕組みやその特徴をより明確に把握することができます。

3-3-1　DataVolume

本項では、仮想マシンのディスクイメージを表すカスタムリソース「DataVolume」について見ていきます。

DataVolume は、CDI（Container Data Importer）Operator をインストールすることで利用可能になる API（cdi.kubevirt.io/v1beta1）を使用して作成されるリソースです。CDI Operator については第 5 章で詳しく紹介します。

DataVolume は以下の 2 つの要素で構成されます。

- ディスクイメージの作成方法
- ディスクイメージを永続化するためのストレージ構成

「3-2 仮想マシンの作成」で作成した仮想マシン「example」の DataVolume を例に、これらの内容について詳しく見ていきましょう。

OpenShift のコンソール画面の管理者パースペクティブにおいて、左メニューの「**管理**」から「CustomRe

83

第 3 章 OpenShift Virtualization で管理する仮想マシン

sourceDefinitions」と進み、名前欄に「datavolume」と入力して DataVolume を検索します。「DataVolume」をクリックし、「インスタンス」タブに切り替えると、作成済みの DataVolume インスタンスの一覧を確認できます（Figure 3-13）。

Figure 3-13　作成済み DataVolume インスタンスの一覧

OpenShift クラスタにデプロイした仮想マシン「example」および「example2」と同名の DataVolume がそれぞれ作成されていることが確認できます。

ここで「example」をクリックして詳細画面に移ります。次に「YAML」タブに切り替えて YAML を確認してみましょう。ここでは、spec フィールドに注目します。

```
spec:
  source: ## ①
    snapshot:
      name: fedora-<ランダム文字列>
      namespace : openshift-virtualization-os-images
  storage: ## ②
    resources:
      requests:
        storage: 30Gi
```

① spec.source

このフィールドが仮想マシンのディスクイメージの作成方法を表します。今回はプロジェクト「openshift-virtualization-os-images」に存在するスナップショット「fedora-<ランダム文字列>」を参照

84

しています。なお、<ランダム文字列>は環境によって異なります。

　このスナップショットは、OpenShift Virtualization を設定すると自動的に利用可能となるゴールデンイメージであり、Red Hat が提供するディスクイメージです。ゴールデンイメージについては、次項で詳しく述べます。

② spec.storage

　このフィールドではディスクイメージを永続化するためのストレージ構成を表します。spec.storage の内容は PersistentVolumeClaim（PVC）の書式に従います。ここで設定した内容に則って PersistentVolumeClaim を作成し、PersistentVolume（PV）がプロビジョニングされ、仮想マシンにマウントされます。このようにして仮想マシンのディスクイメージの永続化が実現されます。なお、PV および PVC については、「3-3-3 Kubernetes における永続ボリュームの仕組み」で詳しく述べます。

　Column　dataVolumeTemplate について

　DataVolume は個別のカスタムリソースとして作成することも可能ですが、VirtualMachine の spec.dataVolumeTemplates に設定を記載することも可能です。
　「3-2-2 Fedora の Template から仮想マシンを作成」で作成した仮想マシンを表す YAML ファイル「example.yaml」の spec.dataVolumeTemplates に注目しましょう。

```
spec:
  dataVolumeTemplates:
    - apiVersion: cdi.kubevirt.io/v1beta1
      kind: DataVolume
      metadata:
        name: example
      spec:
        sourceRef:
          kind: DataSource
          name: fedora
          namespace: openshift-virtualization-os-images
        storage:
          resources:
            requests:
              storage: 30Gi
```

　このテンプレートに従って DataVolume「example」が作成されます。

第 3 章 OpenShift Virtualization で管理する仮想マシン

3-3-2　ゴールデンイメージ

OpenShift Virtualization の設定が完了したクラスタでは、自動的にプロジェクト「openshift-virtualization
-os-images」が作成されます。このプロジェクト内には以下の OS の VolumeSnapshot が作成されます。

- Fedora
- CentOS Stream
- Red Hat Enterprise Linux

VolumeSnapshot とは、Kubernetes 上で PersistentVolume のバックアップを表すリソースであり、任
意のプロジェクトにボリュームのスナップショットを作成する仕組みを提供します。プロジェクト
「openshift-virtualization-os-images」に作成される VolumeSnapshot は、Red Hat が提供する「ゴールデ
ンイメージ」です。

　ゴールデンイメージは、OS やアプリケーション、設定を含む標準化された仮想マシンのディスクイ
メージです。このイメージを利用することで、複数のシステムに一貫した環境を迅速に展開すること
が可能です。Red Hat が提供するゴールデンイメージには、各 OS のセットアップに必要なドライバや
ライブラリが事前にインストールされています。

　これらのゴールデンイメージは Red Hat によって定期的に必要なパッチや更新が適用され、最新か
つ安全な状態が保たれます。なお、自動更新をオフにすることも可能です。

OpenShift コンソールから Red Hat が提供する OS のゴールデンイメージを確認します。

OpenShift のコンソール画面の管理者パースペクティブにおいて、「ストレージ」メニューから「Vol
umeSnapshots」へと進みます。このとき、プロジェクトとして「openshift-virtualization-os-images」を
選択してください（Figure 3-14）。

86

Figure 3-14 VolumeSnapshot 一覧画面

「3-2-2 Fedora の Template から仮想マシンを作成」で Fedora VM を起動する際に使用したスナップショット「fedora-<ランダム文字列>」と同名の VolumeSnapshot が存在していることが確認できます。

3-3-3 Kubernetes における永続ボリュームの仕組み

OpenShift Virtualization では、仮想マシンのディスクイメージのデータ永続化に、Kubernetes の永続ボリューム（PersistentVolume）を活用しています。仮想マシンの運用において、「データの永続化」は最も重要な要素の一つです。

そのため、Kubernetes の永続ボリュームの仕組みをしっかり理解することが、結果的に OpenShift Virtualization 上の仮想マシンの特徴や挙動の理解につながります（Figure 3-15）。

本項を読み進める上で必要になる「Kubernetes における永続ボリュームを構成する主な要素」について、Table 3-1 に示します。

Table 3-1 Kubernetes における永続ボリュームの構成要素

構成要素	詳細
ストレージシステム	物理ディスクやクラウドベースのストレージサービスなど、データを保存する基盤を提供するシステムのこと。本書では Software Defined Storage（SDS）の「OpenShift Data Foundation（ODF）」をストレージシステムとして利用している

論理ディスク	ストレージシステム上に仮想的に構築されたディスク単位で、物理ストレージの一部を抽象化したもの
StorageClass	ストレージシステムを Kubernetes 上のリソースとして抽象化したもの。Kubernetes でストレージのプロビジョニング方法を指定するための設定オブジェクト StorageClass の YAML ファイルに定義された「provisioner フィールド」で、どの Provisioner を利用するかを指定する
Provisioner	Kubernetes クラスタ内で PV を自動的に作成、管理、削除する役割を担うコンポーネント。PVC に応じて適切なストレージを動的にプロビジョニングする。Provisioner は特定のストレージタイプやプロバイダと対応しており、StorageClass がその動作を制御する
Container Storage Interface（CSI）	Kubernetes とストレージシステムを統合するための標準化されたインターフェース。CSI により、さまざまなストレージシステムがプラグイン形式で統合可能となり、ストレージのプロビジョニングや管理を効率化できる
PersistentVolumeClaim（PVC）	ユーザが必要なストレージ容量やアクセスモードを指定して、PV を要求するためのリソース。PVC が PV にバインドされることで、Pod がストレージを利用できるようになる
PersistentVolume（PV）	Kubernetes クラスタ内または外部ストレージプロバイダに存在する永続的なストレージを抽象化したリソース。ストレージを Pod に提供するためのリソースとして機能する

Figure 3-15　Kubernetes の永続ボリュームの仕組み

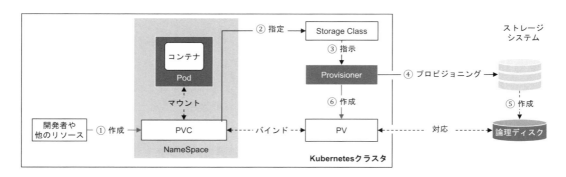

Kubernetes で永続ボリュームを利用するには、クラスタ上のアプリケーションが利用可能な「ストレージシステム」が必要です。ストレージシステムには、主に以下の種類があります。

- 物理ストレージ：ストレージベンダが提供する物理的な製品
- ソフトウェア定義ストレージ（SDS）：ソフトウェアベースの仮想化ストレージ製品
- クラウドストレージ：パブリッククラウドベンダが提供するストレージサービス

● 3-3 ディスクイメージ

● ローカルストレージ：ノードのローカルディスクを利用したストレージ

　本書の環境では、Amazon Elastic Compute Cloud (Amazon EC2) を Compute ノードとしてクラスタを構築しているため、ストレージシステムとして Amazon Elastic Block Store（EBS）が利用可能です。また、第 2 章で Operator のインストールと設定を行った OpenShift Data Foundation（ODF）も利用可能です。

　これらのストレージシステムを Kubernetes 上のリソースとして抽象化するものが「StorageClass」です。

　OpenShift のコンソール画面で、利用可能な StorageClass の一覧を確認しましょう。

OpenShift のコンソール画面の管理者パースペクティブにおいて、「ストレージ」メニューから「StorageClasses」と進みます。ここでは、クラスタに登録されている StorageClass の一覧が表示されます（Figure 3-16）。

Figure 3-16　StorageClass の一覧

　1 つのストレージシステムが複数の StorageClass を提供することも可能で、StorageClass ごとに対応するボリュームモードが異なります。本書の環境で利用できるストレージシステムおよび StorageClass は Table 3-2 のとおりです。

Table 3-2　本環境におけるストレージシステムと StorageClass の対応関係

ストレージシステム	StorageClass	対応するボリューム モード	備考
Amazon EBS	gp2-csi	ブロックデバイス ファイルシステム	gp3-csi の前世代の StorageClass

89

第 3 章　OpenShift Virtualization で管理する仮想マシン

	gp3-csi	ブロックデバイス ファイルシステム	AWS に IPI でインストールした OpenShift においてデフォルトで 利用可能な StorageClass
OpenShift Data Foundation（ODF）	ocs-storagecluster-cephfs	ファイルシステム	CephFS（Ceph Filesystem）をバッ クエンドとする StorageClass
	ocs-storagecluster-ceph -rbd	ブロックデバイス ファイルシステム	Ceph RBD（RADOS Block Device） をバックエンドとする StorageClass
	ocs-storagecluster-ceph -rbd-virtualization	ブロックデバイス ファイルシステム	OpenShift Virtualization での利用に 特化した StorageClass であり、本 環境において仮想マシンを起動す る際、特に指定をしない場合は自 動的に選択される
	openshift-storage.noobaa .io	オブジェクトストレー ジ	オブジェクトストレージを提供 するために使用される NooBaa を バックエンドとする StorageClass。 NooBaa はオブジェクトストレージ ゲートウェイとして機能し、本書 環境におけるバッキングストレー ジは Amazon S3 である

これらの StorageClass から利用するものを選択し、PVC を介して永続ボリュームの要求を行います。

それでは、PVC の YAML ファイルを確認してみましょう。今回確認するのは、「3-2-2 Fedora の Template から仮想マシンを作成」で起動した仮想マシン「example」で利用している PVC です。OpenShift のコンソール画面の管理者パースペクティブにおいて、「ストレージ」メニューから「PersistentVol umeClaims」と進みます。

このとき、プロジェクトで「kubevirt」が選択されていることを確認してください。PVC はプロジェクトに属するリソースです。PVC の一覧画面には、これまでに作成した仮想マシンの名前と同じ名称の PVC が並んでいます。PVC「example」をクリックし、「YAML」タブに切り替えてください。

この画面で PVC の YAML を確認することができます。YAML のいくつかのフィールドは OpenShift によって自動的に付与されたものを含みます。

ここでは PVC を作成する上で主要なフィールドについて抜粋して説明します。

```
spec:
  accessModes: ## ①
    - ReadWriteMany
  resources: ## ②
    requests:
      storage: '32212254720'
...
```

●3-3 ディスクイメージ

```
    storageClassName: ocs-storagecluster-ceph-rbd-virtualization ## ③
    volumeMode: Block ## ④
```

① spec.accessMode

永続ボリュームに対するノードからのアクセスモードを指定します。値は以下を設定することが可能です。

- ReadWriteOnce（RWO）：1つのノードから読み書きアクセス可能
- ReadOnlyMany（ROX）：複数ノードから同時に読み取り専用アクセス可能
- ReadWriteMany（RWX）：複数ノードから同時に読み書きアクセス可能
- ReadWriteOncePod（RWOP）：1つのPodから読み書きアクセス可能

このフィールドは省略可能です。省略した場合、指定したStorageClassのデフォルトのアクセスモードが選択されます。

② spec.resources

永続ボリュームの容量に関して指定するフィールドです。サブフィールドとして以下の2つを指定することが可能です。

- limits：PVCによって要求する永続ボリューム容量の上限値を指定する
- requests：PVCによって要求する永続ボリューム容量の下限値を指定する
今回のPVCでは要求する下限の容量として「32212254720」が指定されています。これは30GiB（32,212,254,720バイト）を意味します。

③ spec.storageClassName

StorageClassを指定するフィールドです。ここで指定したStorageClassに基づいてPVがプロビジョニングされます。省略した場合、クラスタ内でデフォルトのStorageClassが自動的に指定されます。

④ spec.volumeMode

永続ボリュームのボリュームモードを決定するフィールドです。以下の値を設定できます。

- Filesystem：ボリュームをファイルシステムとしてフォーマットし、Pod内のコンテナのディレクトリにマウントして利用します。一般的なファイルの読み書きを伴うアプリケーションに適しています。

第 3 章 OpenShift Virtualization で管理する仮想マシン

- Block：ボリュームを未フォーマットのブロックデバイスとして提供し、アプリケーションが直接ブロックレベルでデータにアクセスします。仮想マシンやデータベースなど、高い IOPS 要件を持つアプリケーションに適しています。

永続ボリュームのプロビジョニングには、「動的プロビジョニング」と「静的プロビジョニング」の2 種類があります。

動的プロビジョニングは、ユーザが PVC（PersistentVolumeClaim）を作成すると、指定した StorageClass に基づき、要求された構成の永続ボリュームを自動的に作成します。これにより、クラスタ管理者が事前に永続ボリュームを作成する必要がなく、効率的なストレージ管理が可能です。

対して、静的プロビジョニングでは、クラスタ管理者が事前に複数の永続ボリュームを作成しておき、ユーザが作成した PVC の構成要件を満たす永続ボリュームがバインドされます。既存の永続ボリュームを再利用したい場合や、特定のストレージ要件が必要な場合に適しています。

本書で利用可能な StorageClass はいずれも動的プロビジョニングに対応しています。

次に、Provisioner について見ていきましょう。Provisioner は、各 StorageClass の仕様に基づいて永続ボリュームを作成するコンポーネントです。ストレージシステムと連携して論理ディスクを動的にプロビジョニングし、Kubernetes 上のリソースとして永続ボリュームを作成し、PVC と関連付け（バインド）します。

この Provisioner は StorageClass の YAML ファイル内に provisioner フィールドとして定義されています。一例として、StorageClass「ocs-storagecluster-ceph-rbd-virtualization」の設定を確認します。

```
provisioner: openshift-storage.rbd.csi.ceph.com
```

provisioner フィールドの値には CSI（Container Storage Interface）ドライバを指定します。CSI ドライバとは、Kubernetes が各種ストレージシステムと統一的に連携するための標準化されたプラグインです。各ストレージベンダが提供する CSI ドライバを利用することで、多様なストレージシステムを統合でき、Kubernetes 上でストレージのプロビジョニング、スナップショット作成、リサイズなどの操作を標準化できます。

StorageClass「ocs-storagecluster-ceph-rbd-virtualization」では、Ceph RBD 用の CSI ドライバ「openshift-storage.rbd.csi.ceph.com」を利用します。

それでは、PVC で指定した StorageClass「ocs-storagecluster-ceph-rbd-virtualization」によって作成された永続ボリュームを OpenShift のコンソール画面から確認しましょう。先ほどプロジェクト「kubevirt」に適用済みの PVC 一覧を確認した画面にて、各 PVC にバインド済みの永続ボリュームも確認できます。

PVC「example」によって要求されバインドされている「pvc-<ランダム文字列>」をクリックし、永続ボリュームの詳細画面に遷移します（Figure 3-17）。

Figure 3-17　PV の詳細画面

PV pvc-9a30af21-c848-48bc-87a9-5895d42ff482　☑ Bound

詳細　　YAML

PersistentVolume の詳細

名前
pvc-9a30af21-c848-48bc-87a9-5895d42ff482

ラベル　　　　　　　　　　　　　　　編集 ✎
ラベルなし

アノテーション
アノテーション 3 個 ✎

回収ポリシー
Delete

作成日時
🌐 2025年1月1日 12:55

オーナー
オーナーなし

ステータス
✅ Bound

容量
30Gi

アクセスモード
ReadWriteMany

ボリュームモード
Block

StorageClass
SC ocs-storagecluster-ceph-rbd-virtualization

PersistentVolumeClaim
PVC example

PVC で要求したとおりの永続ボリュームがプロビジョニングされ、PVC「example」にバインドされたことを確認できます。

- アクセスモード：ReadWriteMany
- 容量：30Gi
- StorageClass：ocs-storagecluster-ceph-rbd-virtualization
- ボリュームモード：Block

最後に、仮想マシン「example」のルートディスクのソースとして PVC「example」が関連付けられていることを確認しましょう。仮想マシンの詳細画面にて「Configuration」タブに切り替え、「Storage」を選択します（Figure 3-18）。

第 3 章　OpenShift Virtualization で管理する仮想マシン

Figure 3-18　仮想マシンのストレージ詳細画面

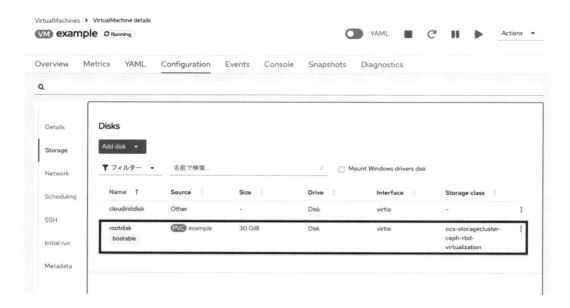

　OpenShift Virtualization において仮想マシンのディスクイメージを永続化するために、Kubernetes の永続ボリュームの仕組みが活用されていることを確認できました。

3-4　まとめ

　本章では、OpenShift Virtualization による仮想マシン管理の変革について解説しました。

　従来の仮想マシン運用は、GUI や CLI を用いた手動操作が中心であり、環境ごとに異なる管理が課題でした。そこで OpenShift Virtualization を活用することにより、仮想マシンを Kubernetes のリソースとして扱い、YAML を用いた宣言的な管理ができることが体感できたのではないでしょうか。これにより、IaC を活用した自動化と統一的な運用が実現できます。

　また、OpenShift Virtualization は Kubernetes の永続ボリュームを利用することで、仮想マシンのディスクイメージを効率的に管理できます。既存の Kubernetes クラスタのストレージをそのまま活用できるため、環境に応じた最適な選択が可能です。

　次章では、本章で利用した仮想マシンの Template を編集し、仮想マシンをカスタマイズする方法について解説します。より実務的な仮想マシン運用について理解を深めていきます。

第４章

仮想マシンのカスタマイズ

　本章では、前章で触れた Template を編集し、仮想マシンをカスタマイズすることで、Template の利用方法をより深く理解します。また、cloud-init を使用した仮想マシン起動時の初期設定や、virtctl コマンドによる仮想マシンへの SSH/SCP 接続の操作も試します。さらに、仮想マシンを稼働させたまま別の Compute ノードへ移動させる「ライブマイグレーション」も実施します。

　本章を通じて、より高度な仮想マシンのカスタマイズ方法を理解できます。仮想マシンへのリモート接続やライブマイグレーションの操作方法を学ぶことで、より実践的な OpenShift Virtualization による仮想マシン管理についての理解を深めていきましょう。

第 4 章 仮想マシンのカスタマイズ

4-1　カスタマイズした仮想マシンの作成

　本節では、第 3 章において仮想マシンを作成する際に利用した Template の仕組みを利用します。OpenShift コンソールで「Virtualization」メニューを選択し、VirtualMachines を開きます。新たに仮想マシンを作成し、Template 一覧画面から「Fedora VM」を選択してください。今回はいくつかカスタマイズを行います（Figure 4-1）。

Figure 4-1　Fedora VM の作成画面

　「Customize VirtualMachine」をクリックすると、多くの項目を設定できます。以降では、それぞれの設定項目を確認していきます。

96

4-1-1 Overview

「Overview」タブでは、仮想マシンのホスト名を含む基本設定を変更したり、他のタブで設定した内容を確認できます。ここでは以下のように設定を変更します（Figure 4-2）。

- Name：example-template-customize
- CPU：2CPU
- Memory：4GiB

Figure 4-2　Overview

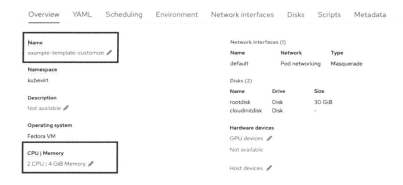

4-1-2 Scheduling

次に、「Scheduling」タブを確認します。ここでは、仮想マシンを Compute ノードにスケジュールする際の設定を変更できます。このとき、Kubernetes における Pod のスケジューリングに関わる各種機能を利用できます（Table 4-1）。

Table 4-1　Pod のスケジューリング

項目	用途
NodeSelector	特定のラベルを持つ Compute ノードにのみ Pod をスケジュールさせる
Tolerations	Compute ノードに設定する Taint と、Pod に設定する Toleration の組み合わせにより、Pod のスケジュールを許可または制限させる
NodeAffinity	Pod が特定の条件を満たす Compute ノードに優先的にスケジュールされるよう指定させる

第 4 章 仮想マシンのカスタマイズ

PodAffinity	特定の Pod が配置された Compute ノードに対して、別の Pod を優先的にスケジュールさせる
Pod Anti-Affinity	特定の Pod が配置された Compute ノードを避けるように、別の Pod をスケジュールさせる

　これらの設定は OpenShift Virtualization で管理する仮想マシンに対しても適用できます。たとえば、以下のようなスケジューリングを実現可能です。

1. ある 2 種類の仮想マシンを同じ Compute ノードにスケジュールする。
2. ある Compute ノードには仮想マシンのみをスケジュールし、コンテナアプリケーションのスケジュールは許可しない。

　これらの設定の詳しい利用方法については、Kubernetes の公式ドキュメント[1]を参照してください。

　今回は Node selector を設定し、「Save」をクリックします（Figure 4-3）。

Figure 4-3　Node selector の設定

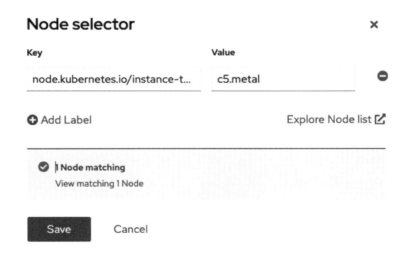

　Value に設定する c5.metal は、ベアメタルサーバインスタンスとして追加した Compute ノードの Amazon EC2 におけるインスタンスタイプです。Compute ノードの metadata.labels は以下のように設定されています。

---

* 1　https://kubernetes.io/ja/docs/tasks/configure-pod-container/assign-pods-nodes/

```
metadata:
  labels:
    node.kubernetes.io/instance-type: c5.metal
```

OpenShift の機能によって、metadata.labels フィールドには自動的に複数のラベルが設定されます。今回はこの自動設定されたラベルの内容を、Node selector の Key/Value で指定します。これにより、このラベルが付与されたいずれかのノードに仮想マシンがスケジュールされます。
（Figure 4-4）。

Figure 4-4　Scheduling

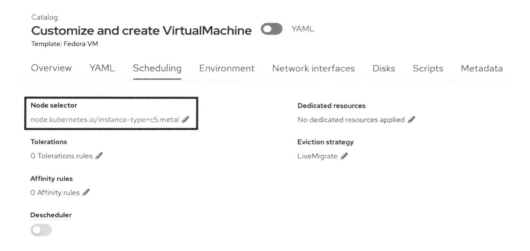

4-1-3　Environment

次に「Environment」タブを確認します。このタブでは、仮想マシンに提供する環境変数などの情報を仮想マシンに設定します。

OpenShift Virtualization では、Kubernetes で設定値を管理するためのリソースである ConfigMap や、機密情報を管理するためのリソースである Secret を、仮想マシンに設定できます。また、ServiceAccount を設定することも可能です。

ServiceAccount は、Pod などの Kubernetes リソースに関連付ける専用のアカウントです。ユーザアカウントと同様に RBAC（Role-Based Access Control）を用いて権限の制御を適用し、KubernetesAPI に対

第4章 仮想マシンのカスタマイズ

する操作権限やアクセスコントロールが定義できます。仮想マシンに対しては、ServiceAccount を利用するためのトークン情報を付与できます。

ConfigMap や Secret、ServiceAccount は、Disk または FileSystem として仮想マシンインスタンスにマウントされ設定が反映されます。Disk としてマウントする場合、これらリソースの内容を変更しても、その変更内容が動的に仮想マシンインスタンスに反映されないため注意が必要です。

ConfigMap や Secret、ServiceAccount はプロジェクトスコープのリソースです。そのため、仮想マシンと同じプロジェクトに存在するリソースを選択する必要があります（Figure 4-5）。

Figure 4-5　Environment

Catalog

Customize and create VirtualMachine ⬤ YAML
Template: Fedora VM

Overview　　YAML　　Scheduling　　Environment　　Network interfaces　　Disks　　Scripts　　Metadata

Include all values from existing config maps, secrets or service accounts (as disk) ⓘ

➕ Add Config Map, Secret or Service Account

Save　　Reload

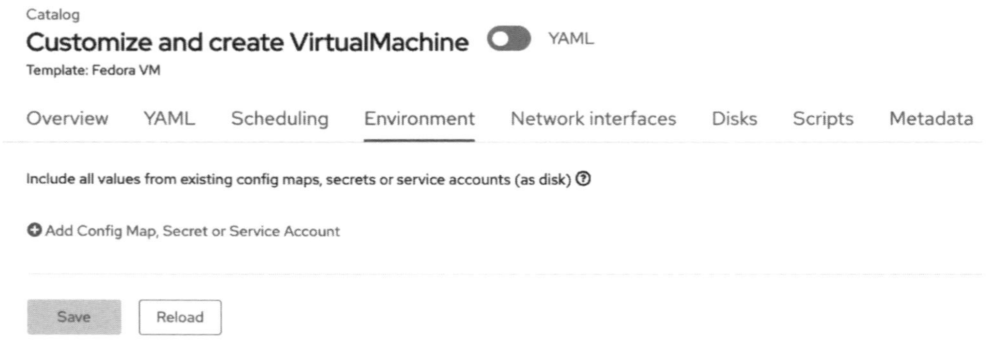

ただし、今回は Environment の設定変更は割愛します。

4-1-4　Network Interfaces

「Network Interfaces」タブでは、仮想マシンのネットワークインターフェース（vNIC）の設定を変更できます。複数の vNIC を追加して異なるオーバーレイネットワークに参加させたり、Compute ノードが接続する物理ネットワーク（アンダーレイネットワーク）に直接接続させる設定が可能です。

今回は名称が「default」となっているネットワークインターフェースの設定を変更します。右側の3点リーダーから「Edit」をクリックします（Figure 4-6）。

100

● 4-1 カスタマイズした仮想マシンの作成

Figure 4-6　ネットワークインターフェース一覧画面

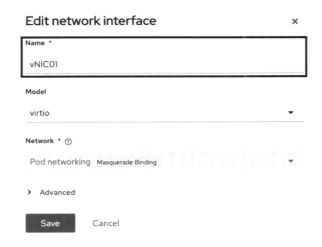

vNICの名称を「vNIC01」へ変更します。また、仮想デバイスの種別を指定する「Model」に、virtio（デフォルト設定）が選択されていることを確認します（Figure 4-7）。

Figure 4-7　ネットワークインターフェースの編集画面

「Model」では、Intel製イーサネットコントローラ用のドライバである「e1000e」も選択できますが、Linux仮想マシンにおいては、パフォーマンスの観点から「virtio」が推奨されます。

「Network」では最初から「Pod networking」が選択されており変更できません。この「Pod networking」は、CNIプラグインによってKubernetesクラスタ内にデフォルトで作成されるオーバーレイネットワークのことで、Kubernetesクラスタ内のPod同士での内部通信で利用されます。すべてのPodには必ず

101

1つ以上のvNICが設定される必要があります。今回のケースでは、OpenShiftクラスタのオーバーレイネットワークとしてPod Networkのみが設定されているため、vNICは最初からPod Networkに接続されています。

設定内容を確認できたら、「Save」をクリックして元の画面に戻ります。

「Add Network Interface」をクリックすると、vNIC追加画面に遷移します。vNICを追加するには、NetworkAttachmentDefinition（NAD）というリソースにより追加のネットワークを作成する必要があります。追加ネットワーク作成の詳細は第5章で紹介します。追加するネットワークへの接続タイプとしては「Bridge」と「SR-IOV」が選択できます（Figure 4-8）。

Figure 4-8　ネットワークインターフェース追加画面

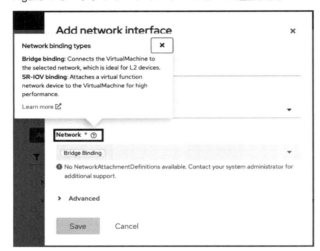

ここでは「Cancel」をクリックして、仮想マシンのカスタマイズ画面に戻ります。

 Column　BridgeとSR-IOV

「Bridge」はブリッジ接続を指します。ブリッジ接続では、仮想マシンをComputeノードの物理ネットワークインターフェースを介して、アンダーレイネットワークに参加させることができます。この運用では、異なるネットワーク同士を接続するデバイス（ブリッジ）を用いて、仮想マシンが参加するオーバーレイネットワークとComputeノード間の物理ネットワークを接続します。これにより、仮想マシンが物理ネットワーク側に接続されたDHCPサーバやNTPサーバなどと直接通信できるようになります。こうした方法は従来、仮想マシン運用で広く利用されてきました。

「SR-IOV」はSingle-Root Input/Output Virtualizationの略で、PCIe（Peripheral Component

● 4-1 カスタマイズした仮想マシンの作成

Interconnect Express）デバイスを仮想化し、複数の仮想マシンがアクセスできるようにする技術です。PCIe は、高速インターフェース規格の一つであり、マザーボード上でさまざまなデバイス（グラフィックカードや SSD など）を接続するために利用されています。SR-IOV を利用すると、対応するPCIe デバイスが接続されている Compute ノード上で、仮想マシンが高速インターフェースを介してデバイスにアクセスできます。これにより、特にハイパフォーマンスコンピューティング（HPC）やリアルタイム処理が必要な環境で、高速かつ効率的なデバイス利用が可能になります。

4-1-5　Disks

　次に「Disks」を確認します。ここでは仮想ディスク（ディスクイメージ）の設定を変更できます。デフォルトでは、ルートディスクに加えて cloud-init ディスクがマウントされています（Figure 4-9）。

Figure 4-9　Disks

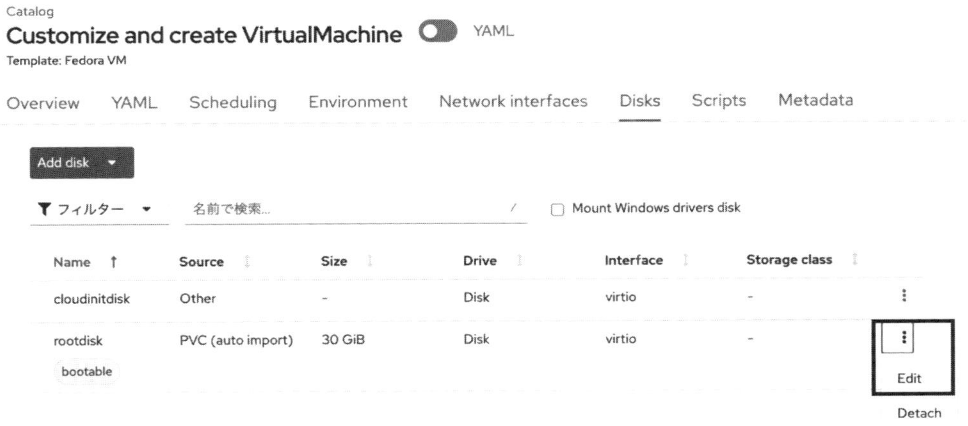

　「rootdisk」の行にある右端の 3 点リーダーから「Edit」を選択し、構成情報を確認します。「Editdisk」画面では、仮想マシンのディスク構成を編集できます。以下、それぞれの設定項目について確認し、一部の項目をカスタマイズします。

　まずは「Edit disk」画面の前半部分を確認します（Figure 4-10）。

103

第 4 章 仮想マシンのカスタマイズ

Figure 4-10　ディスク編集画面の前半部分

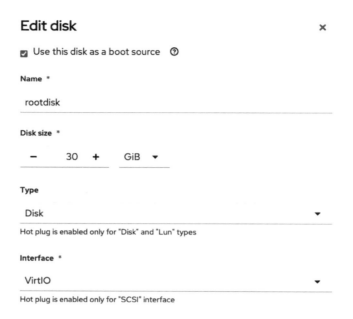

① Name

ディスクの名称を設定できます。現在編集しているディスクは仮想マシンのブートソースとして利用するルートディスクです。デフォルトでは名称が rootdisk となっており、画面上部の「Use this disk as a boot source」にチェックが入っています。

今回はデフォルト値のままとします。

② Disk size

ディスクの容量を変更できます。Fedora VM の Template では 30GiB に設定されています。

今回はデフォルト値のままとします。

③ Type

ディスクのタイプを設定できます。以下の 3 種類から選択可能です。

- Disk：仮想マシンのディスクイメージを保存する一般的なディスクタイプです。OS やその他のデータの保存に利用されます。
- CD-ROM：ISO ファイルを使用して仮想マシンを起動する場合などに利用します。インストール

メディアとして仮想マシンにマウント可能なディスクです。ただし、OS をインストールするためには別途 Disk タイプのディスクを用意する必要があります。

- LUN：ローカルまたは共有ストレージ上の LUN（Logical Unit Number）を直接マウントするタイプです。これにより、仮想マシンが LUN デバイスを使用して SCSI コマンドでディスクを管理できます[2]。

今回はデフォルトの「Disk」を選択します。

④ Interface

仮想マシンがディスクを仮想的な I/O デバイスとして認識するためのインターフェースを選択できます。選択可能なオプションは以下のとおりです。

- SATA：シリアル通信を使用したストレージ接続インターフェースです。広く普及している方式ですが、仮想化環境ではパフォーマンス面で劣る場合があります。主に Disk を CD-ROM タイプとして利用する際に適しています。
- SCSI：高性能なストレージアクセスを提供する標準インターフェースで、「ホットプラグ」に対応しています。
- VirtIO：KVM 仮想化環境に最適化されたインターフェースです。仮想マシンのストレージ性能を最大化し、Linux の仮想マシンで推奨されます。Windows の仮想マシンの場合は、追加で VirtIO ドライバをインストールする必要があります[3]。

今回はデフォルトの「VirtIO」を選択します。

＊2　https://docs.redhat.com/ja/documentation/openshift_container_platform/4.16/html/virtualization/
vm-disks#virt-configuring-disk-sharing-lun_virt-configuring-shared-volumes-for-vms

＊3　https://catalog.redhat.com/software/containers/container-native-virtualization/virtio-win/
5c8a9ce65a13464733ed0946

第 4 章　仮想マシンのカスタマイズ

続いて、「Edit disk」画面の後半部分を確認します（Figure 4-11）。

Figure 4-11　ディスク編集画面の後半部分

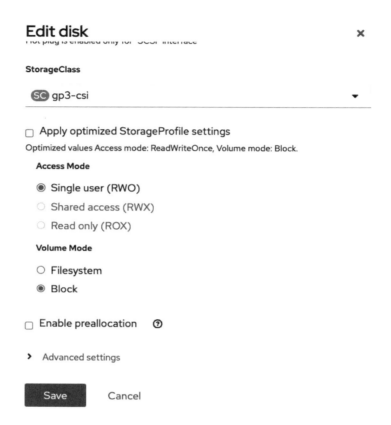

⑤ StorageClass

　ディスクの永続ボリュームをプロビジョニングする StorageClass を選択します。選択肢は OpenShift クラスタに適用済みの StorageClass 一覧から選択できます。

　今回は、プルダウンメニューから「ocs-storagecluster-ceph-rbd-virtualization」を選択します。選択した StorageClass に応じて Access Mode および Volume Mode を選択します。OpenShift Virtualization では、永続ボリュームとしてブロックデバイス（Block）が推奨されます。

　仮想マシンのライブマイグレーションを実行するには、「Shared access（RWX）」を選択する必要があります。ライブマイグレーションの詳細は後述します。

　また、追加の設定として以下の項目を選択できます。

106

● 4-1 カスタマイズした仮想マシンの作成

- Apply optimized StorageProfile settings：以下の最適な推奨設定が自動的に設定されます。

    - Access Mode: ReadWriteMany
    - Volume Mode: Block

- Enable preallocation：DataVolume を作成する際に書き込みパフォーマンスを向上させるために、ディスク領域を事前に割り当てます[*4]。

今回は、これらの項目にはチェックを入れずに進めます。

⑥ Advanced settings

「Advanced settings」をクリックすると、追加の設定メニューが表示され、以下の項目も選択できるようになります。ここでは設定内容の確認のみ行い、項目へのチェックは行いません。

- Share this disk between multiple VirtualMachines：作成するディスクを複数の仮想マシンからアクセス可能にします。この場合、共有ディスクとして使用する永続ボリュームはブロックモードである必要があります。設定の詳細については、Red Hat 公式ドキュメント[*5]を参照してください。
- Set SCSI reservation for disk：SCSI 予約を設定して同じ SCSI デバイスに対する複数の仮想マシンからのアクセスを制御します。この設定は主に Windows フェイルオーバークラスタリングで利用することを想定しています。デフォルトでは無効化されており、クラスタ管理者権限で有効化する必要があります。詳細については、Red Hat 公式ドキュメント[*6]を参照してください。

必要な項目を設定したら、「Save」をクリックして設定を保存します。

 Column　仮想マシン作成時のデフォルト StorageClass

StorageClass に以下のようなアノテーションを付与することで、仮想マシン作成時のデフォルト StorageClass として設定できます。

```
metadata:
  annotations:
```

[*4] https://docs.redhat.com/en/documentation/openshift_container_platform/4.16/html/virtualization/storage#virt-using-preallocation-for-datavolumes
[*5] https://docs.redhat.com/ja/documentation/openshift_container_platform/4.16/html/virtualization/vm-disks#virt-configuring-shared-volumes-for-vms
[*6] https://docs.redhat.com/ja/documentation/openshift_container_platform/4.16/html/virtualization/vm-disks#virt-configuring-disk-sharing-lun_virt-configuring-shared-volumes-for-vms

107

第 4 章 仮想マシンのカスタマイズ

```
storageclass.kubevirt.io/is-default-virt-class: 'true'
```

OpenShift Virtualization が利用可能な環境で OpenShift Data Foundation（ODF）を設定すると、StorageClass「ocs-storagecluster-ceph-rbd-virtualization」が自動的に作成されます。この Storage Class には上記のアノテーションが付与され、仮想マシンを作成する際にデフォルトの StorageClass として利用できます。

4-1-6　Script

次に「Scripts」タブを確認します（Figure 4-12）。

Figure 4-12　Script

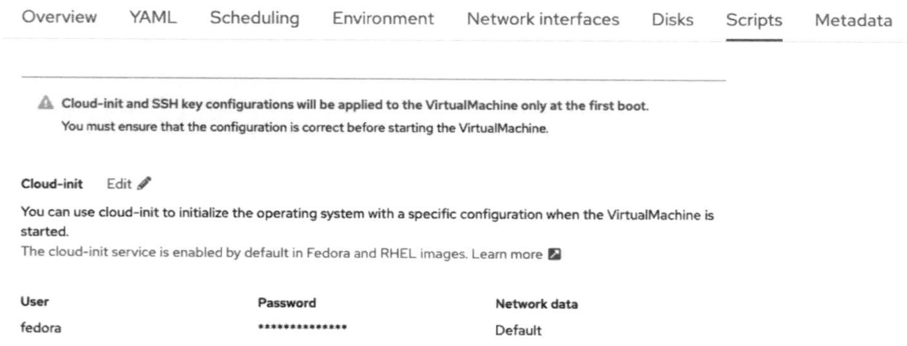

このセクションでは、以下の 3 項目の設定が可能です。

① cloud-init
② SSH 公開鍵の登録
③ Sysprep の設定

① cloud-init

cloud-init は、仮想マシンの初期設定やパッケージインストールを自動化するためのオープンソースのツールです。これにより、仮想マシンの起動時に自動で必要な初期設定が実行できます。cloud-init は、ユーザデータの設定、ホスト名の変更、パッケージの更新、スクリプトの実行などを幅広くサポートし、YAML 形式の設定ファイルを用いて仮想マシンの初回起動時に設定を適用します（Figure 4-13）。

● 4-1 カスタマイズした仮想マシンの作成

Figure 4-13　cloud-init

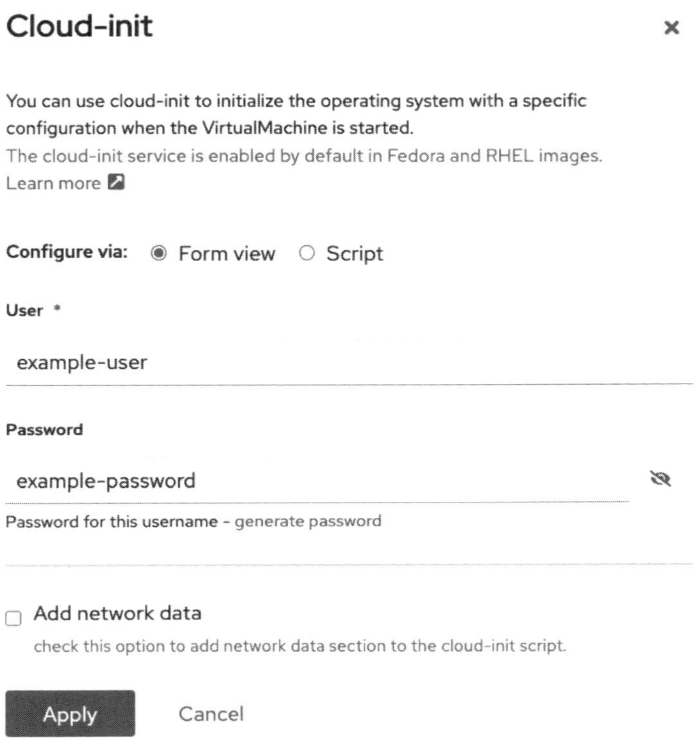

Cloud-init

You can use cloud-init to initialize the operating system with a specific configuration when the VirtualMachine is started.
The cloud-init service is enabled by default in Fedora and RHEL images.
Learn more

Configure via:　⦿ Form view　○ Script

User *

example-user

Password

example-password

Password for this username - generate password

☐ Add network data
　check this option to add network data section to the cloud-init script.

Apply　　Cancel

Form View を使用し、以下のようにユーザ名とパスワードを設定します。

- User: example-user
- Password: example-password

Script View に切り替えると、設定したユーザ名とパスワードが YAML に反映されていることを確認できます（Figure 4-14）。

109

Figure 4-14　Script View

デフォルトではパスワードの有効期限（expire）は無効になっています。

```
userData: |
  #cloud-config
  user: example-user
  password: example-password
  chpasswd:
    expire: false
```

YAML を編集すると、追加の設定が可能です。以下のとおり、Script View で設定を追記します。

```
userData: |-
  #cloud-config
  user: example-user
  password: example-password
  chpasswd:
```

● 4-1 カスタマイズした仮想マシンの作成

```
    expire: false
ssh_pwauth: true
package_update: true
package_upgrade: true
packages:
  - httpd
runcmd:
  - systemctl enable httpd.service
  - systemctl start httpd.service
```

ここでは、Form View で設定したユーザ名とパスワードに加え、以下の項目を新たに追加しました。

- ssh_pwauth: true

    SSH によるリモート接続時に、ユーザ名とパスワードによる認証を許可する設定です。

- package_update: true

    仮想マシンの初回起動時に、リポジトリリストを最新化します。

- package_upgrade: true

    最新化したリストを利用し、既存のインストール済みパッケージを更新します。

- packages

    追加でインストールするパッケージを指定します。今回の例では、httpd（Apache HTTP Server）をインストールします。

- runcmd

    指定した Linux コマンドを仮想マシンの初回起動時に root ユーザのシェルで実行します。この例では、httpd の自動起動機能を有効化し、サービスを起動するコマンドを実行します。

YAML を編集後、「保存」と「Apply」をクリックして設定を反映します。

② SSH 公開鍵の登録

　次に、SSH 公開鍵を登録します。これにより、作業環境にある秘密鍵を使用して仮想マシンに SSH でリモート接続できるようになります。もし SSH キーペアを持っていない場合は、以下のコマンドでキーペアを作成してください。

```
$ ssh-keygen -t rsa -b 4096
```

第 4 章 仮想マシンのカスタマイズ

このコマンドを実行すると、「~/.ssh」ディレクトリ以下に秘密鍵 id_rsa と公開鍵 id_rsa.pub が作成されます。仮想マシンに登録する公開鍵の内容を確認しましょう。

```
## SSH キーペアが格納されているディレクトリに移動
 $ cd ~/.ssh

## SSH 公開鍵の内容を確認
 $ cat id_rsa.pub
ssh-rsa AAAAB3NzaC1yc2EAAAADAQABA…=user@host-machine.local
```

仮想マシンに登録するために、id_rsa.pub の中身をクリップボードにコピーしておきます。

その後、OpenShift Virtualization のコンソール画面に戻り、「Scripts」メニューの「Public SSH key」欄で「Edit」をクリックし、「Add new」を選択して新規に公開鍵を登録します（Figure 4-15）。

Figure 4-15　SSH 公開鍵登録

「Secret name」欄には「public-key」と入力します。入力した内容と同じ名称の Secret が作成されます。この Secret は公開鍵の情報を含み、現在のプロジェクト「kubevirt」に適用されます。

「Automatically apply this key to any new VirtualMachine you create in this project.」にチェックを入れると、同じプロジェクト内で新しい仮想マシンを作成する際に、登録した SSH 公開鍵が自動設定されるようになります。今回はチェックを入れずに進めます。

● 4-2 カスタマイズ結果の確認

③ Sysprep の設定

　③ は、Windows OS の展開やクローン作成を行う際に利用するツール「Sysprep」を設定する項目です。主に仮想環境において Windows OS イメージテンプレートを作成する際に利用されます。同一のテンプレートから複数の Windows 仮想マシンを展開できるため、大規模展開を効率的に行えます。

　今回は Linux 仮想マシン（Fedora VM）を起動するため、Sysprep の設定は行いません。詳細については Microsoft の公式ドキュメント[*7]を参照してください。

4-1-7　YAML の確認と編集

　次に「YAML」タブを確認します。これまで操作した内容がすべて YAML として反映されていることを確認できます。

　この状態で仮想マシンを作成することも可能ですが、後ほど仮想マシンを外部ネットワークへ公開するときのために、YAML に以下のラベルを追記します。

```
spec:
  template:
    metadata:
      labels:
        app=httpd        ## ラベルを追記
```

　この記載により、Pod のラベルに app=httpd が付与されます。このラベルは、後で Service や Route リソースを作成する際に利用します。

　最後に「Create VirtualMachine」をクリックします。仮想マシンが作成され、しばらく待つと起動が完了します。

4-2　カスタマイズ結果の確認

　本節では、前節で実施したカスタマイズ内容が仮想マシンに正しく反映されているかを確認します。また、仮想マシンへのリモート接続を行うための具体的な方法について説明します。

＊7　https://learn.microsoft.com/ja-jp/windows-hardware/manufacture/desktop/sysprep--system-preparation--overview?view=windows-11

第 4 章 仮想マシンのカスタマイズ

4-2-1 cloud-init の反映状況を確認

OpenShift Virtualization では、OpenShift のコンソール画面から仮想マシンの GUI や CLI を操作できます。操作を行うには、仮想マシンの詳細画面で「Console」メニューをクリックします。今回デプロイした Fedora には GUI がないため、CLI が VNC（Virtual Network Computing）コンソールに表示されます。

VNC コンソールは、リモートデスクトップシステムの一種で、ネットワークを介して他のコンピュータのデスクトップ環境にアクセスし、操作できます。

設定した cloud-init のユーザ名とパスワードは「Guest login credentials」から確認できるため、そちらを使い仮想マシンにログインしてみましょう（Figure 4-16）。

Figure 4-16　VNC コンソールからログイン

ログイン後、パッケージリポジトリの更新状況を確認します。

```
[example-user@example-template-customize ~]$ sudo yum update
Last metadata expiration check: 0:15:46 ago on Mon 29 Jul 2024 05:16:55 AM UTC.
Dependencies resolved.
Nothing to do.
```

上記の出力結果から、cloud-init で設定した「package_update: true」が正しく実行され、リポジトリが最新化されアップデートすべき項目がないことが確認できます。

次に、Apache HTTP Server がインストールされ起動しているか確認します。

● 4-2 カスタマイズ結果の確認

```
[example-user@example-template-customize ~]$ systemctl status httpd.service

●httpd.service - The Apache HTTP Server
Loaded: loaded (/usr/lib/systemd/system/httpd.service; enabled; preset: disabled)
Drop-In: /usr/lib/systemd/system/service.d
  └─10-timeout-abort.conf
Active: active (running) since Mon 2024-07-29 05:19:16 UTC; 11min ago
…
```

　出力結果から、cloud-init で設定したコマンドが正しく実行され、Apache HTTP Server が起動していることが確認できました。cloud-init では OS 起動時に Apache HTTP Server を自動起動する設定も行いましたが、出力結果から設定が反映されていること（enabled）がわかります。

4-2-2　Pod の状態を確認

　「Overview」タブに戻り、右側の「Pod」欄に表示されている virt-launcher-example-template-customize-<ランダム文字列> をクリックします。すると、仮想マシンを実行している Pod の詳細画面が表示されます（Figure 4-17）。

Figure 4-17　Virt launcher Pod の詳細画面

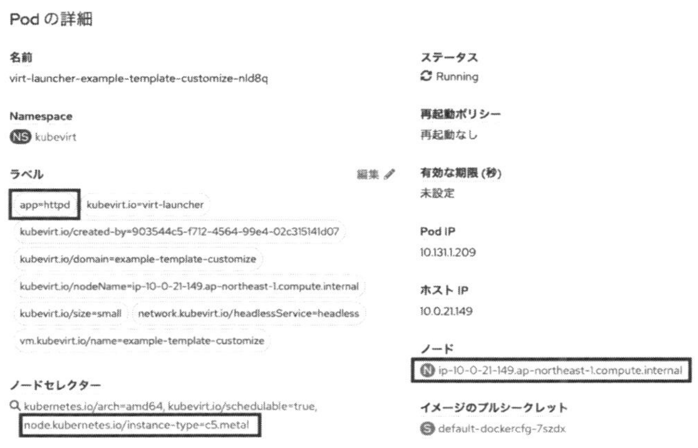

　この画面で確認できる内容は、通常のコンテナアプリケーションをデプロイした際に作成される Pod の詳細画面と同じです。
　まずは、Virt launcher Pod のラベルを確認しましょう。「Labels」欄を確認すると、先ほど仮想マシ

115

第 4 章 仮想マシンのカスタマイズ

ンの YAML に追加した app=httpd のラベルが付与されていることがわかります。

次に「Node selector」欄を確認します。仮想マシンのカスタマイズ画面で設定した node.kubernetes.io/

instance-type: c5.metal が反映されています。また、「Node」欄には、この Pod がスケジュール
されているノード名が表示されます。このノード名をクリックすると、ベアメタルノードの詳細画面
に遷移します。

最後に「ターミナル」タブをクリックします。ここでは、Pod 内部で起動しているコンテナにリモー
ト接続し、直接コマンド操作ができます。

第 1 章や第 2 章で触れたとおり、仮想マシンインスタンスの実体はコンテナであり、その内部では
qemu-kvm や virtqemud といった Linux プロセスが動作しています。これらのプロセスは、ハードウェ
アエミュレーションや libvirt の API 応答を担当しており、仮想マシンの動作を支えています。

以下のように、ターミナルで ps コマンドを実行することで、KVM 仮想化を実現するこれらのプロ
セスが稼働している様子を確認できます。

```
sh-5.1$ ps -e
    PID TTY          TIME CMD
      1 ?        00:00:00 virt-launcher-m
     12 ?        00:25:17 virt-launcher
     28 ?        00:07:29 virtqemud
     29 ?        00:00:00 virtlogd
     76 ?        01:26:25 qemu-kvm
   3777 pts/0    00:00:00 sh
   3783 pts/0    00:00:00 ps
```

4-2-3　virtctl CLI のインストール

VNC コンソールを使用して仮想マシンの操作を行ってきましたが、画面転送での操作は遅延もあり、
必ずしも操作性が良いとはいえません。OpenShift Virtualization のコマンドラインツール「virtctl CLI」
を利用することで、より効率的にリソース操作ができるようになります。

作業環境に virtctl コマンドをインストールします。OpenShift のコンソール画面を開き、右上にあ
る「？」アイコンをクリックします。次に、表示されるメニューから「コマンドラインツール」を選
択します。「virtctl - KubeVirt command line interface」の欄から、利用している OS およびアーキテク
チャに対応するバージョンをダウンロードしてください（Figure 4-18）。

116

Figure 4-18　virtctl CLI ダウンロード画面

ダウンロードした圧縮ファイルを展開し、実行可能な状態へ変更します。以下はApple Silicon Mac（ARM64）での操作例です。

```
## ダウンロードした ZIP ファイルを解凍
$ tar xvf virtctl.zip
virtctl

## virtctl CLI を PATH に含まれるディレクトリへ移動
$ sudo mv virtctl /usr/local/bin/virtctl

## virtctl CLI コマンドが利用できるか確認
$ virtctl
Available Commands:
  addvolume       add a volume to a running VM
  completion      Generate the autocompletion script for the specified shell
  console         Connect to a console of a virtual machine instance.
  ...
```

4-2-4　仮想マシンに SSH でリモート接続

virtctl コマンドを使用し、OpenShift クラスタにログイン済みのターミナルから仮想マシンにSSHでリモート接続します。

第 4 章 仮想マシンのカスタマイズ

　仮想マシンへのリモート接続コマンドは OpenShift のコンソール画面から取得できます。仮想マシンの詳細画面の右上「**Actions**」をクリックし、「**Copy SSH command**」を選択します。virtctl コマンドの実行文がクリップボードにコピーされるので、ターミナルに貼り付け実行します。このとき、<path_to_sshkey> の部分は SSH 秘密鍵（例：~/.ssh/id_rsa）へのパスに置き換えてください。

```
$ virtctl -n kubevirt ssh example-user@example-template-customize \
--identity-file=<path_to_sshkey>
```

　仮想マシンに SSH で接続できたら、以下のコマンドを実行し、確認用テキストファイルを作成します。

```
[example-user@example-template-customize ~]$ echo "My first ssh to VM" > ~/myfile.txt
```

VNC コンソール画面に戻り、ls コマンドを用いて、ファイルが作成されていることを確認します。

```
## 作成したファイルの有無を確認
[example-user@example-template-customize ~]$ ls
myfile.txt

## ファイルの中身を確認
[example-user@example-template-customize ~]$ ls
```

　次は、ファイル転送を行います。virtctl コマンドを使用すると、SCP コマンドを用いて作業環境から仮想マシンへのファイル転送が可能です。OpenShift にログイン済みのターミナルから、以下の手順を実行します。

```
## 転送するファイルを作成します。
$ echo "My first scp to VM" > ~/forward-file.txt

## 仮想マシンのホームディレクトリにファイルを転送します。
$ virtctl -n kubevirt scp ~/forward-file.txt \
example-user@example-template-customize:~/ --identity-file=<path_to_sshkey>
Are you sure you want to continue connecting (yes/no/[fingerprint])? yes
```

● 4-2 カスタマイズ結果の確認

```
foward-file.txt                100%    0      0.0KB/s   00:00
```

ファイルが転送されたか VNC コンソールで確認します。

```
## 転送されたファイルを確認
[example-user@example-template-customize ~]$ ls
forward-file.txt   myfile.txt
```

4-2-5 仮想マシンをインターネットに公開

「4-2-1 cloud-init の反映状況を確認」で見たとおり、起動した Fedora 仮想マシンでは Web サーバ
の httpd サービスが起動しています。この仮想マシンを外部ネットワークに公開し、外部から HTLM
コンテンツを参照します。

仮想マシンを公開するため、Service と Route リソースを作成します。Service を Route に接続するこ
とで、クラスタの外部から仮想マシンにアクセスできます。

以下は、Service を定義するための YAML ファイルの例です。

```
apiVersion: v1
kind: Service
metadata:
  name: vm-service
spec:
  type: ClusterIP ## ①
  selector: ## ②
    app: httpd
  ports:
    - protocol: TCP
      port: 80
      targetPort: 80
```

① spec.type

デフォルトの Service タイプで、クラスタ内部での通信を有効にします。今回は値に「ClusterIP」
を設定します。これにより、Service にクラスタ内部でのみアクセス可能な仮想 IP アドレスが割り当

119

第 4 章 仮想マシンのカスタマイズ

てられます。

② spec.selector

Service は、selector に設定されたラベルを持つ Pod に対して、通信をルーティングします。app:
httpd は、「4-1-6 Script」の項で仮想マシンの YAML ファイルに追記したラベルの内容を指定してい
ます。

次に、Service をクラスタ外部からアクセス可能にするための Route を作成します。以下は Route を
設定するための YAML ファイルの例です。

```
kind: Route ## ①
apiVersion: route.openshift.io/v1
metadata:
  name: vm-route
spec:
  to: ## ②
    kind: Service
    name: vm-service
  port: ## ③
    targetPort: 80
```

同様に、主要なフィールドについて詳しく述べます。

① kind: Route

Route は OpenShift 独自のリソースで、Ingress と同様に L7 ロードバランサとして動作します。デフォ
ルトでは、HAProxy が Ingress として利用され、L7 ロードバランシングや TLS 終端などの機能を提供
します。

② spec.to

この Route が接続する Service を指定します。今回は vm-service です。

③ spec.port

この Route からの宛先ポート（targetPort）を指定します。今回は、仮想マシンがリッスンしてい
る 80 番ポートを指定します。

以下のコマンドを実行して Service と Route を作成します。

120

● 4-2 カスタマイズ結果の確認

```
## 4章のディレクトリに移動
$ cd ~/openshift_virtualization_tutorial/code-04/

## Service の作成
 $ oc apply -f service.yaml -n kubevirt

## Route の作成
 $ oc apply -f route.yaml -n kubevirt
```

これで仮想マシンが外部ネットワークに公開されました。以下のコマンドを使用して、作成したRouteのURLを取得します。

```
## URL の確認
$ echo "http://$(oc get route vm-route -o='jsonpath={.spec.host}' -n kubevirt)"
http://vm-route-kubevirt.apps.<your-cluster-name>.<your-domain>
```

確認できた情報をもとにブラウザから次のURLへ接続をすると、仮想マシン上のWebサーバにアクセスできます（Figure 4-19）。

Figure 4-19　HTTPサーバ

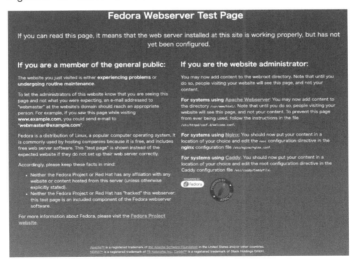

RouteのURLは、OpenShiftコンソール画面でも確認できます。管理者パースペクティブにて「ネットワーク」メニューから「Routes」を選択すると、プロジェクトに適用されたRoute一覧が表示され

121

第 4 章 仮想マシンのカスタマイズ

ます。「Location」から Route の URL が確認できます（Figure 4-20）。

Figure 4-20　コンソール画面で Route を確認する方法

表示される「Fedora Webserver Test Page」は、/var/www/html にユーザが作成した HTML ファイルが存在しない場合に表示される初期画面です。この /var/www/html 内にファイルを作成し、簡単な Web ページを公開してみましょう。

作業環境にダウンロード済みの html ファイル「index.html」を、仮想マシンの /var/www/html に転送します。SCP によるファイル転送は、「4-2-4 仮想マシンに SSH でリモート接続」で実施した手順に従います。

作業環境のターミナルに戻り、以下のコマンドを実行します。

```
## index.html を仮想マシンの/var/www/html に転送
$ virtctl -n kubevirt scp ./index.html \
example-user@example-template-customize:/var/www/html/ --identity-file=<path_to_sshkey>
```

以下は転送する `index.html` ファイルの内容です。

```
<!DOCTYPE html>
<html lang="ja">
<head>
  <title>Hello World!</title>
</head>
<body>
<h1>OpenShift Virtualization とは</h1>
OpenShift Virtualization は、Kubernetes ネイティブな仮想化機能を提供するプラットフ
```

● 4-3 仮想マシンの状態管理

```
ォームです。<br>
コンテナワークロードと仮想マシンを統合して管理・運用できます。<br>
これにより、従来の仮想環境からKubernetesへの移行をスムーズに進めつつ、ハイブリ
ッドなアプリケーション展開が可能になります。
</body>
</html>
```

ブラウザの画面を更新すると、転送した `index.html` の内容が反映されます（**Figure 4-21**）。

Figure 4-21　index.html の反映結果を確認

OpenShift Virtualization とは

OpenShift Virtualizationは、Kubernetesネイティブな仮想化機能を提供するプラットフォームです。
コンテナワークロードと仮想マシンを統合して管理・運用できます。
これにより、従来の仮想化環境からKubernetesへの移行をスムーズに進めつつ、ハイブリッドなアプリケーション展開が可能になります。|

4-3　仮想マシンの状態管理

　本節では、仮想マシンの再起動、停止、一時停止などの操作について解説します。また、スナップショットを作成して特定時点におけるバックアップを取得し、そのスナップショットを元に仮想マシンのクローンを作成します。

4-3-1　状態管理の挙動を見るためのアプリの準備

　仮想マシンの状態を確認するために Node.js アプリを実行します。前節で作成した仮想マシン「example-template-customize」に SSH でリモート接続した状態で以下のコマンドを実行します。

```
## 仮想マシンのホームディレクトリに移動
[example-user@example-template-customize html]$ cd ~

## Node.js アプリケーションを動かすためのパッケージをインストール
[example-user@example-template-customize ~]$ sudo yum install nodejs npm -y
Updating and loading repositories:
...
Complete!

## Node.js サーバの初期化
[example-user@example-template-customize ~]$ npm init -y
```

123

第 4 章　仮想マシンのカスタマイズ

```
Wrote to /home/example-user/package.json:
{
  "name": "example-user",
  "version": "1.0.0",
  "main": "index.js",
  "scripts": {
    "test": "echo \"Error: no test specified\" && exit 1"
  },
  "keywords": [],
  "author": "",
  "license": "ISC",
  "description": ""
}
```

　npm init コマンドを使用して Node.js サーバを初期化します。このコマンドを実行すると、現在の
ディレクトリに package.json ファイルが生成されます。これはアプリケーションの依存関係やスク
リプトを管理するための設定ファイルです。このファイルを元に、必要なライブラリやモジュールを
インストールしたり、アプリケーションを実行する設定を行います。

　次に、作業環境にダウンロード済みの第 4 章のコードを仮想マシンに転送します。

```
## index.js を仮想マシンのホームディレクトリに転送
$ virtctl -n kubevirt scp ./index.js example-user@example-template-customize:~/ \
--identity-file=<path_to_sshkey>
```

以下は、仮想マシンに転送する index.js の内容です。

```
const fs = require('fs');

// 時刻をファイルに書き込む関数
function logTime() {
    const now = new Date().toISOString();  // UTC時刻を取得
    console.log(now);  // 標準出力に時刻を出力
    fs.appendFile('timeLog.txt', now + '\n', (err) => {
        if (err) {
            console.error('ファイルへの書き込みエラー :', err);
        }
    });
}
```

```
// 1秒ごとにlogTime関数を実行
setInterval(logTime, 1000);
```

このアプリケーションは、1秒ごとに現在の UTC 標準時を出力し、同時にその内容を `timeLog.txt` に追記します。

仮想マシンに SSH でリモート接続し、以下のコマンドでアプリケーションを起動します。

```
[example-user@example-template-customize ~]$ node index.js
2024-08-10T07:40:56.012Z
2024-08-10T07:40:57.013Z
2024-08-10T07:40:58.015Z
……
```

ターミナルに UTC 標準時が 1 秒ごとに表示されます。別のターミナルで仮想マシンにリモート接続し、`timeLog.txt` の内容を確認します。

```
## 別のターミナルから仮想マシンにリモート接続
$ virtctl -n kubevirt ssh fexample-user@example-template-customize  \
--identity-file=<path_to_sshkey>

## timeLog.txt の内容を確認
[example-user@example-template-customize ~]$ tail -f timeLog.txt
2024-08-10T07:44:44.427Z
2024-08-10T07:44:45.428Z
……

2024-08-10T07:44:52.442Z
2024-08-10T07:44:53.444Z
```

1 秒ごとにファイルに新しい時刻が追記されていることが確認できます。確認できたら `Ctrl` + `C` で `tail` コマンドを終了します。

仮想マシン内部でアプリケーションが正常に動作していることが確認できました。以降では、このアプリケーションを利用しながら、仮想マシンの状態変化（再起動や停止など）における挙動を確認します。

4-3-2　一時停止や再起動

仮想マシンを一時停止（Pause）、停止（Stop）、再起動（Restart）した際の挙動を確認します。それぞれの操作が仮想マシン内で動作しているアプリケーションにどのような影響を与えるかを観察しながら、仮想マシンの状態管理について見ていきます。

■ 一時停止（Pause）

まずは仮想マシンを一時停止した際の挙動を確認します。

OpenShiftのコンソール画面で、仮想マシン「example-template-customize」の詳細画面を開きます。右上に表示されている操作ボタンの中から「Pause」をクリックすると、仮想マシンのステータスが「Paused」に変化します（Figure 4-22）。

Figure 4-22　仮想マシンの詳細画面と操作ボタン

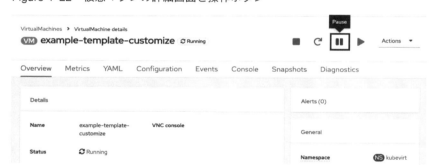

仮想マシンが一時停止されると、ターミナルで実行しているアプリケーションも一時停止します。

```
[example-user@example-template-customize ~]$ node index.js
2024-08-10T07:40:56.012Z
2024-08-10T07:40:57.013Z
2024-08-10T07:40:58.015Z
……
2024-08-10T07:48:50.741Z
2024-08-10T07:48:51.742Z
2024-08-10T07:48:52.742Z　← UTC標準時の出力が止まる
```

再度「Pause」ボタンをクリックすると、一時停止が解除され、仮想マシンのステータスが「Running」

に戻ります。

　一時停止を解除すると、アプリケーションの動作が再開し、時刻が出力され始めます。ただし、一時停止中の時刻は欠落しており、一時停止解除後の時刻から出力が再開されます。以下はその出力例です。

```
[example-user@example-template-customize ~]$ node index.js
2024-08-10T07:40:56.012Z
2024-08-10T07:40:57.013Z
2024-08-10T07:40:58.015Z
……
2024-08-10T07:48:50.741Z
2024-08-10T07:48:51.742Z
2024-08-10T07:48:52.742Z ← 一時停止開始
2024-08-10T07:51:14.159Z ← 一時停止解除
2024-08-10T07:51:15.159Z
2024-08-10T07:51:16.161Z 」
……
```

　次は、仮想マシンを「停止（Stop）」した際の挙動を確認します。仮想マシンを停止する前に、仮想マシンの IP アドレスと Pod 名を確認します（Figure 4-23）。

Figure 4-23　仮想マシンの IP アドレスと Pod 名

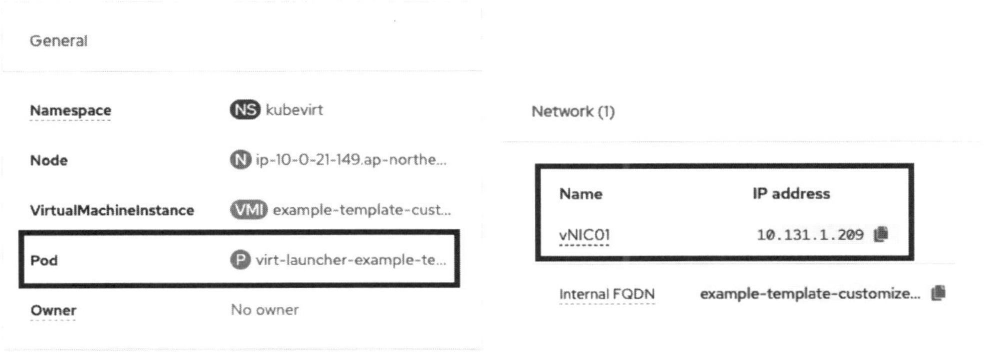

第 4 章 仮想マシンのカスタマイズ

① 仮想 NIC「vNIC01」に付与された IP アドレス

仮想 NIC「vNIC01」は Pod Network に参加しており、その IP アドレスは Pod の起動時に Kubernetes によって自動的に割り当てられます。本書の環境では「10.131.1.209」が割り当てられていることを示しています。

② 仮想マシンの Pod 名

仮想マシンの詳細画面で Pod 名を確認します。Pod 名は「virt-launcher-example-template-customize-< ランダム文字列 >」の形式で、自動的に生成されます。本書の環境では「virt-launcher-example-template-customize-nld8q」が割り当てられていることを示しています。

上記の情報を確認できたら、仮想マシンを停止します。

OpenShift のコンソール画面で、仮想マシン「example-template-customize」の詳細画面を開き、右上にある「Stop」ボタンをクリックすると、仮想マシンのステータスが「Stopped」に変化します。

仮想マシンが停止した後の状態を確認します（Figure 4-24）。

Figure 4-24　仮想マシンを停止後の詳細画面

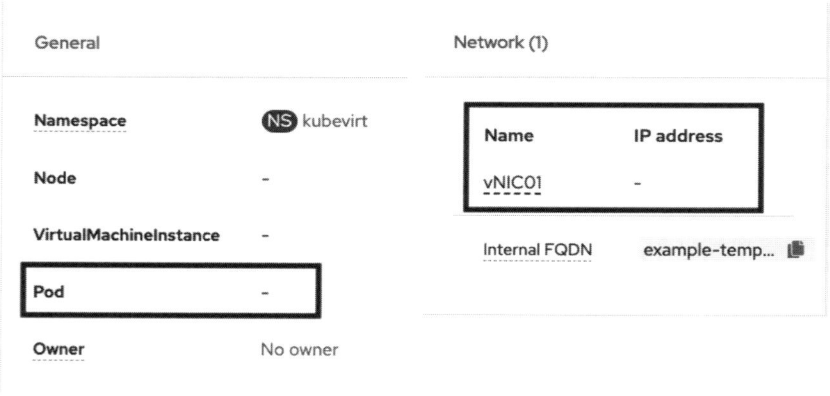

① ターミナル接続の解除

仮想マシンが停止すると、ターミナルへの接続が解除されます。

② Pod が削除される

OpenShift コンソール画面を更新し、仮想マシンの詳細画面を見ると、Virt launcher Pod が削除されたことを確認できます。

128

● 4-3 仮想マシンの状態管理

③ vNIC01 の IP アドレスが開放される

Virt launcher Pod が削除されたことで、vNIC の IP アドレスも解放されます。

続いて、停止した仮想マシンを再起動します。OpenShift コンソール画面で「Start」ボタンをクリックします。再起動が完了すると、以下の状況が確認できます。

① vNIC の IP アドレスが新たに設定される

再起動により、新しい IP アドレスが割り当てられます。本書の環境では、元の IP アドレス「10.131.1.209」から「10.131.1.223」に変更されました。

② Virt launcher Pod が再作成され、Pod 名が変わる

仮想マシンに対応する新しい Virt launcher Pod が作成されます。Pod 名は「virt-launcher-example-template-customize-< ランダム文字列 >」の形式ですが、先ほどとは < ランダム文字列 > の部分が異なります。本書の環境では、「nld8q」から「n4cmt」に変わりました。

仮想マシンが再起動した後のデータについても、以下のコマンドを実行して確認します。

```
## 再びターミナルから仮想マシンに SSH でリモート接続
$ virtctl -n kubevirt ssh fexample-user@example-template-customize \
--identity-file=<path_to_sshkey>

## ディレクトリの内容を確認
[example-user@example-template-customize ~]$ ls
foward-file.txt   index.js     myfile.txt     package.json     timeLog.txt
```

仮想マシンのデータは永続ボリュームに保存されているため、再起動後もデータが保持されています。

timeLog.txt ファイルの内容も確認します。

```
[example-user@example-template-customize ~]$ tail timeLog.txt
2024-08-10T07:59:04.888Z
2024-08-10T07:59:05.890Z
...
2024-08-10T07:59:12.901Z
2024-08-10T07:59:13.903Z   ←仮想マシンを停止した時刻
```

129

第 4 章　仮想マシンのカスタマイズ

仮想マシンが停止した時刻を最後に記録が停止しています。

最後に、Apache HTTP Server の起動状態を確認します。

```
## Apache HTTP Server の起動状態の確認
[example-user@example-template-customize ~]$ systemctl status httpd
●httpd.service - The Apache HTTP Server
     Loaded: loaded (/usr/lib/systemd/system/httpd.service; enabled; preset: disabled)
    Drop-In: /usr/lib/systemd/system/service.d
             └─10-timeout-abort.conf, 50-keep-warm.conf
     Active: active (running) since Sun 2025-01-05 07:57:44 UTC; 9min ago
...
```

前節における cloud-init での設定により、Apache HTTP Server の自動起動が確認できます。

改めて「**一時停止**」と「**停止**」の動作の違いについてまとめます。

■ 一時停止（Pause）

- 仮想マシンの状態（メモリ、ストレージ、ネットワークインターフェースに割り当てられた IP ア
  ドレスなど）は維持されます。
- アプリケーションの動作は停止しますが、SSH 接続セッションは保持されます。
- 仮想マシンを再開すると、アプリケーションも再開します。

■ 停止（Stop）

- 仮想マシンに対応する Pod が削除され、仮想マシンインスタンスも削除されます。
- ネットワークインターフェースの IP アドレスやメモリは開放され、SSH 接続も切断されます。
- 仮想マシンは「**シャットダウン**」状態に遷移します。再起動時にはブートプロセスが再実行され
  ます。
- 仮想マシン内部のデータは永続ストレージに保存されているため、再起動後も保持されます。

次項でも引き続き仮想マシンの挙動を確認するために、同じ Node.js アプリケーションを利用しま
す。以下のコマンドを実行し、Node.js アプリケーションを再開してください。

```
[example-user@example-template-customize ~]$ node index.js
2024-08-15T05:33:07.908Z
2024-08-15T05:33:08.909Z
… …
```

4-3-3　仮想マシンのスナップショットを作成

　仮想マシンのスナップショットを作成し、そのスナップショットを元に新しい仮想マシンを「クローン」します。OpenShift Virtualization では、Kubernetes の永続ボリュームの機能を活用して、仮想マシンのスナップショットとクローンの作成を実現しています。

　「スナップショット」とは、ある時点の仮想マシンのディスクイメージを保存したものです。以下のようなシナリオで利用されます。

- データ損失時のバックアップ
- 開発環境の特定バージョンへの復元
- 同じディスクイメージの内容を持つ仮想マシン（クローン）の作成

OpenShift Virtualization における仮想マシンのスナップショットは 2 つのカスタムリソースが連携して実行されます。

① VirtualMachineSnapshot（VMS）

　仮想マシンのスナップショット作成を要求するカスタムリソースです。KubeVirt が提供する API（snapshot.kubevirt.io）を通じて作成されます。

② VirtualMachineSnapshotContent（VMSC）

　スナップショットの具体的な内容を保存するカスタムリソースです。VMS から自動的に作成され、仮想マシンのディスク構成を保存します。Kubernetes における永続ボリュームのスナップショットの仕組みである「VolumeSnapshot」というリソースと連携し、ディスクイメージの永続化を実現します。VolumeSnapshot については、次項で詳しく述べます。

　OpenShift Virtualization における仮想マシンのスナップショットおよびクローンの作成では、以下のいずれかのストレージシステムを利用している必要があります。

第 4 章 仮想マシンのカスタマイズ

- Red Hat OpenShift Data Foundation
- Kubernetes Volume Snapshot API をサポートする CSI ドライバを使用するストレージシステム

Volume Snapshot API は永続ボリュームのスナップショット作成をサポートする API です。詳細は Kubernetes 公式ドキュメント[*8]を参照してください。

Column　QEMU ゲストエージェントインストールの推奨

　QEMU ゲストエージェントは、仮想マシン内で実行されるデーモンです。libvirt を使用してホストマシンからゲストオペレーティングシステムにコマンドを実行できるようにし、ファイルシステムのフリーズや解凍といった操作をサポートします。

　OpenShift Virtualization において、最も整合性の高い仮想マシンのオンラインのスナップショットを作成するためには、仮想マシンに QEMU ゲストエージェントをインストールすることが推奨されます。ゲストエージェントを活用することで、スナップショット作成時にファイルシステムの整合性を保つことができ、より安全で確実なスナップショットが取得可能となります。

　Red Hat が提供する Template から作成した仮想マシンには、QEMU ゲストエージェントがあらかじめ含まれているため、個別のインストール作業は必要ありません。ゲストエージェントが含まれていない場合や、手動でインストールする必要がある場合は、OpenShift Virtualization の公式ドキュメントを参照してください[*9]。

仮想マシンのスナップショットを作成し、詳細を確認します。仮想マシン「example-template-customize」の詳細画面で「Snapshots」タブに切り替え、「Take snapshot」をクリックすると、スナップショット作成画面が開きます（Figure 4-25）。

---

*8　https://kubernetes.io/ja/docs/concepts/storage/volume-snapshots/
*9　https://docs.redhat.com/ja/documentation/openshift_container_platform/4.16/html/virtualization/backup-and-restore#virt-about-vm-snapshots_virt-backup-restore-snapshots

● 4-3 仮想マシンの状態管理

Figure 4-25　Snapshot 作成画面

ここで設定可能な項目は以下のとおりです。

① Name

作成するスナップショットのリソース名を設定します。今回は「example-snapshot」と入力します。

② Description

スナップショットの説明をメタデータとして追加できます。今回は空欄のままとします。

② Deadline

指定した時間内にスナップショット作成が完了しない場合に「失敗」とするしきい値です。デフォルトでは5分に設定されています。今回はデフォルト設定とします。

第 4 章 仮想マシンのカスタマイズ

　作成するスナップショットに含まれるディスクは rootdisk です。仮想マシンの初回起動時に設定を
行うために使用した cloud-init ディスクは、スナップショット作成対象に含められない点に注意しま
しょう。

　必要な設定を入力後、「Save」をクリックしてスナップショットを作成します。この操作により、仮
想マシンのスナップショットを要求するカスタムリソース VirtualMachineSnapshot（VMS）が作成され
ます。

　ここで作業環境のターミナルを確認すると、UTC 標準時を出力するアプリケーションが動作し続け
ていることから、スナップショットの作成が無停止（オンライン）で実行されていることがわかります。

　「example-snapshot」をクリックし、「YAML」タブに切り替え、作成された VMS の詳細を確認し
ます。

```
apiVersion: snapshot.kubevirt.io/v1alpha1
kind: VirtualMachineSnapshot
metadata:
  ...
  ownerReferences: ## ①
    - apiVersion: kubevirt.io/v1
      blockOwnerDeletion: false
      kind: VirtualMachine
      name: example-template-customize
      uid: 2c2ab0c0-ea7e-4bc9-b34b-3838098d38f3
  ...
spec:
  source: ## ②
    apiGroup: kubevirt.io
    kind: VirtualMachine
    name: example-template-customize
status:
  ...
  virtualMachineSnapshotContentName: vmsnapshot-content-<ランダム文字列> ## ③
```

　この YAML の主要なフィールドは以下のとおりです。

① metadata.ownerReferences

　このフィールドは、VMS を作成した別のリソース（オーナー）を示しています。スナップショット
（VMS）のオーナーは仮想マシン「example-template-customize」です。これにより、スナップショッ
トと仮想マシンの関連付けを管理しています。

134

● 4-3 仮想マシンの状態管理

② spec.source

このフィールドは、スナップショットのソースとなるリソースを示しています。スナップショットの元となる仮想マシン名が「example-template-customize」であることが確認できます。この情報も仮想マシンとスナップショットの関連性を追跡するためのフィールドです。

③ status.virtualMachineSnapshotContentName

このフィールドは、VMS から作成された VirtualMachineSnapshotContent（VMSC）リソースの名前を示しています。ここで参照されている VMSC には、仮想マシンの復元やクローン作成に必要なディスク及びその構成に関する情報が含まれています。

次に、VMSC の詳細を確認します。

OpenShift コンソールの管理者パースペクティブにおいて、「管理」メニューから「CustomResourceDefinitions」を選択します。検索欄で「VirtualMachineSnapshotContents」を検索し、選択します。インスタンス一覧から、先ほど VMS で参照されていた「vmsnapshot-content-< ランダムな文字列 >」をクリックします。

VMSC の詳細画面で「YAML」タブに切り替えます。

```
apiVersion: snapshot.kubevirt.io/v1beta1
kind: VirtualMachineSnapshotContent
metadata:
  ...
spec:
  source:
    virtualMachine: ## ①
      metadata:
        annotations:
          ...
  virtualMachineSnapshotName: example-snapshot ## ②
  volumeBackups: ## ③
    - persistentVolumeClaim:
        metadata:
          annotations:
            ...
      volumeName: rootdisk
      volumeSnapshotName: vmsnapshot-564d954d-6e2e-4370-8a4b-aa864f23ab4d-volume-
rootdisk
```

135

第 4 章 仮想マシンのカスタマイズ

VMSC の YAML における、主要なフィールドは以下のとおりです。

① spec.source.virtualMachine

このフィールドは、スナップショットを作成した仮想マシンを表します。仮想マシンの状態を YAML 形式で記述したカスタムリソース「VirtualMachine」の内容がそのまま記載されています。これによりスナップショットを作成した時点での仮想マシンの構成が保存されます。

② virtualMachineSnapshotName

このフィールドは、対応する VMS を参照するためのフィールドです。この情報をもとに、VMSC と VMS との関連性を管理しています。

③ spec.volumeBackups

このフィールドはリスト構造になっており、VMSC に含まれるディスクごとのバックアップ情報を記録しています。

volumeBackups 以下のデータはさらに 3 つのフィールドに分類されています。それぞれの役割は以下のとおりです。

- persistentVolumeClaim

    このフィールドは、仮想マシンのディスクイメージの保存先を表します。具体的には、スナップショットの元となる永続ボリューム（PV）にバインドされている永続ボリューム要求（PVC）の YAML の内容が埋め込まれています。これにより、ディスクイメージの保存先情報がスナップショットに含まれ、復元時に正しいボリュームが利用されることを保証します。

- volumeName

    このフィールドでは、スナップショットの対象となるボリューム名を参照します。スナップショット作成時に指定された仮想マシンのディスク名（この例では rootdisk）が設定されています。

- volumeSnapshotName

    このフィールドは、Kubernetes における永続ボリュームのスナップショットリソース「VolumeSnapshot」を参照しています。VolumeSnapshot は、スナップショット対象の PVC を元に作成されるリソースです。仮想マシンのディスクイメージをスナップショットとして保存している実体です。

● 4-3 仮想マシンの状態管理

```
volumeSnapshotName: vmsnapshot-<ランダム文字列>-volume-rootdisk
```

<ランダム文字列>はスナップショットごとに一意の値が設定され、管理の一貫性を保ちます。
VMSC の要素をまとめると、以下のとおりです。

- スナップショット対象の仮想マシンの構成情報を表す YAML
  仮想マシンの YAML の内容がそのまま記載され、スナップショット作成時点での仮想マシンの
  構成が保存されます。
- 仮想マシンのディスクイメージから作成された PVC を表す YAML
  仮想マシンのディスクイメージに関連付けられた PVC 情報が含まれ、ディスクイメージの保存
  先が明確になります。
- スナップショットに含まれるディスク名
  スナップショット対象となるディスク名が記録されます。
- ディスクイメージの PVC から作成された VolumeSnapshot 名
  Kubernetes の VolumeSnapshot リソース名が記載され、仮想マシンのディスクイメージをスナッ
  プショットとして管理します。

4-3-4　Kubernetes のスナップショット作成機能

Kubernetes における永続ボリューム（PersistentVolume）のスナップショットは、スナップショット
作成機能に対応する CSI（Container Storage Interface）ドライバを使用して、ボリュームの特定時点の
状態を保存する仕組みです。この仕組みは、永続データを管理する上で重要な役割を果たし、バック
アップやデータの復元を効率的に実行できます。

Kubernetes は、標準のスナップショット管理 API である「VolumeSnapshot API（snapshot.storage.
k8s.io/v1）」を提供しており、この API を介してスナップショットを作成、管理します（Figure 4-26）。

137

Figure 4-26　Kubernetes のスナップショットの仕組み

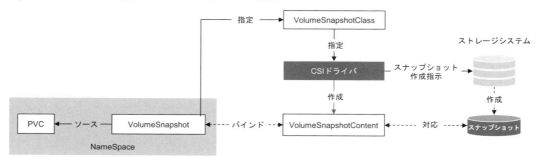

① VolumeSnapshot

VolumeSnapshot は、スナップショットの要求を表すリソースで、対象となる PV にバインドされた PVC をソースとして作成されます。

OpenShift のコンソール画面の管理者パースペクティブにて、左メニュー「ストレージ」から「VolumeSnapshots」をクリックし、選択されたプロジェクトに存在する VolumeSnapshot 一覧を確認できます（Figure 4-27）。

Figure 4-27　VolumeSnapshot 一覧

vmsnapshot-< ランダム文字列 >-volume-rootdisk を選択します。VolumeSnapshot リソースの詳細画面にて「YAML」タブから YAML を確認します。

```
metadata:
  ownerReferences:
    - apiVersion: snapshot.kubevirt.io/v1beta1
```

```
      kind: VirtualMachineSnapshotContent
      name: vmsnapshot-content-564d954d-6e2e-4370-8a4b-aa864f23ab4d
      ...
  spec:
    source:
      persistentVolumeClaimName: example-template-customize
    volumeSnapshotClassName: ocs-storagecluster-rbdplugin-snapclass
```

metadata.ownerReferences を確認すると、VolumeSnapshot を作成した別のリソース（オーナー）は VirtualMachineSnapshotContent（VMSC）であることが確認できます。

また、スナップショット作成時に VolumeSnapshotClass が指定され、ソースとして example-template-customize という PVC が利用されていることがわかります。

② VolumeSnapshotClass

VolumeSnapshotClass は、スナップショットを作成するための CSI ドライバや、ストレージシステムごとのパラメータを定義するリソースです。コンソール画面の管理者パースペクティブで「ストレージ」から「VolumeSnapshotClasses」を選択すると、クラスタ内で利用可能な VolumeSnapshotClass 一覧を確認できます。

以下は「ocs-storagecluster-rbdplugin-snapclass」の YAML の一部です。

```
  apiVersion: snapshot.storage.k8s.io/v1
  kind: VolumeSnapshotClass
  ...
  driver: openshift-storage.rbd.csi.ceph.com
  ...
```

driver フィールドでは、スナップショット作成に対応した CSI ドライバを指定します。この CSI ドライバは、「3-3-3 Kubernetes における永続ボリュームの仕組み」で確認した StorageClass「ocs-storagecluster-ceph-rbd-virtualization」の Provisioner である「openshift-storage.rbd.csi.ceph.com」と同じです。このことから、当該 CSI ドライバがスナップショット作成にも対応していることがわかります。

③ VolumeSnapshotContent

VolumeSnapshotContent は、スナップショットデータを保存するリソースで、対応する VolumeSnapshot に関連付け（バインド）されます。VolumeSnapshot の詳細画面から、バインドされた VolumeSnapshot

Contentの詳細画面に遷移できます（Figure 4-28）。

Figure 4-28　バインドされたVolumeSnapshotContentへのリンク

以下はその YAML の一部です。

```
spec:
  ...
  source:
    volumeHandle: 0001-0011-openshift-storage-0000000000000001-<ランダム文字列>
  ...
```

spec.source.volumeHandle フィールドは、ストレージシステムの内部で管理されるボリュームの一意な識別子を示します。この値は CSI 仕様に基づき、スナップショット対象の PV と対応するブロックを識別するために割り振られます。

4-3-5　スナップショットからクローンを作成

作成したスナップショットを元に、元の仮想マシンのクローンを作成します。仮想マシン「example-template-customize」の詳細画面を開き、「Snapshots」タブで先ほど作成したスナップショット「example-snapshot」を選択します。その後、右端の縦3点リーダーから「Create VirtualMachine」を選択します（Figure 4-29）。

● 4-3 仮想マシンの状態管理

Figure 4-29　クローン作成

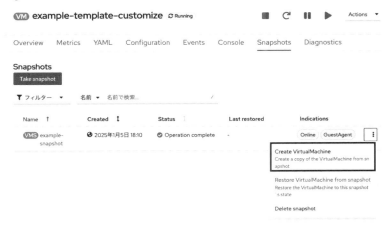

スナップショットから仮想マシンを作成する画面が表示されます。ここでは、新たに作成する仮想マシン名を設定します。今回は、Name 欄に「example-snapshot-clone」と入力します。

「Start VirtualMachine once created」にチェックを入れます。これにより、仮想マシン作成後に自動で起動するように設定します。

設定が完了したら「Create」をクリックして仮想マシンを作成します（Figure 4-30）。

Figure 4-30　Snapshot からの仮想マシン作成

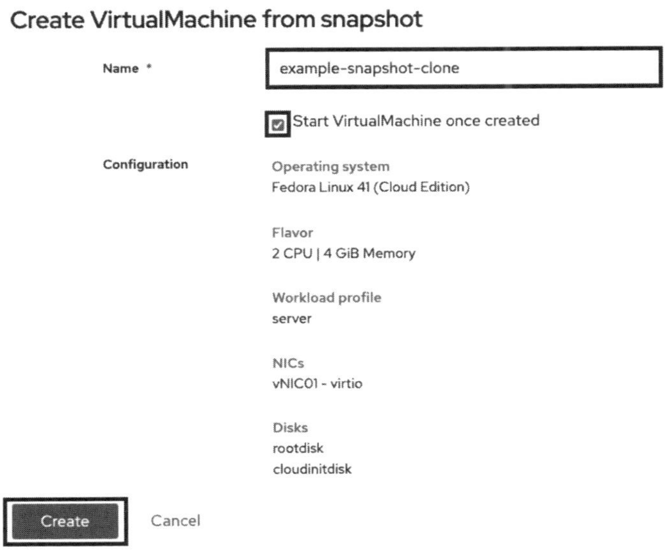

141

第 4 章 仮想マシンのカスタマイズ

しばらくすると仮想マシン「example-snapshot-clone」が起動します。仮想マシンの詳細画面で「Console」タブに切り替え、「Guest login credentials」を確認してください。このログイン情報はスナップショット元の仮想マシン「example-template-customize」で設定したものと同じです。

次に、「4-2-4 仮想マシンに SSH でリモート接続」で説明した手順に従い、作業環境からスナップショット元の仮想マシン「example-template-customize」と同じ秘密鍵を利用して、クローン仮想マシンに SSH でリモート接続できることを確認します。作業環境のターミナルで以下のコマンドを実行します。

```
$ virtctl -n kubevirt ssh fedora-user@fedora-template-customize-clone \
--identity-file=<path_to_sshkey>
```

次に、クローンされた仮想マシンの Apache HTTP Server が正しく動作しているかを確認します。

```
[example-user@example-snapshot-clone ~]$ systemctl status httpd
●httpd.service - The Apache HTTP Server
     Loaded: loaded (/usr/lib/systemd/system/httpd.service; enabled; preset: disabled)
   Drop-In: /usr/lib/systemd/system/service.d
            └─10-timeout-abort.conf, 50-keep-warm.conf
     Active: active (running) since Mon 2025-01-06 13:17:21 UTC; 15min ago
```

上記の結果から、Apache HTTP Server の自動起動設定が、クローンされた仮想マシン「example-snapshot-clone」にも適用されていることが確認できます。

次に、仮想マシンのスナップショット時点で実行していた Node.js アプリケーションが出力したログファイル timeLog.txt を確認します。

```
[example-user@example-snapshot-clone ~]$ tail timeLog.txt
2025-01-05T07:45:52.443Z
2025-01-05T07:45:53.444Z
2025-01-05T07:45:54.446Z
2025-01-05T07:45:55.447Z
2025-01-05T07:45:56.448Z
2025-01-05T07:45:57.449Z
2025-01-05T07:45:58.450Z
```

● 4-4 仮想マシンのライブマイグレーション

```
2025-01-05T07:45:59.452Z
2025-01-05T07:46:00.453Z
2025-01-05T07:46:01.454Z  ← 最後に出力されたUTC標準時
```

timeLog.txt の最後に出力された時刻は、スナップショットを作成した時刻と一致します。「4-3-3 仮想マシンのスナップショットを作成」で説明した手順に従い、VMS の YAML ファイルから、VMS の作成時刻を確認します。この時刻は、timeLog.txt の最終行の時刻と同じです。

```
metadata:
   creationTimestamp: <VMSが作成されたUTC標準時>
```

本節では、仮想マシンのスナップショット作成と、それをもとにしたクローンの作成方法を紹介しました。スナップショットにより、スナップショット時点の仮想マシンの状態やデータが正確に保存され、クローンとして復元できます。

このように Kubernetes の仕組みを活用することによって、従来の仮想化システムと同様に、障害時に仮想マシンを迅速に復旧することが可能です。また、スナップショットを用いた運用は、バックアップや障害復旧だけでなく、開発環境の複製やテスト環境の構築にも応用できます。

4-4　仮想マシンのライブマイグレーション

仮想マシンを稼働したまま、クラスタ内の異なる Compute ノードに仮想インスタンスを移動する機能が「ライブマイグレーション」です。

この機能により、仮想マシンを停止させることなく、リソースの最適化や、物理サーバなどのメンテナンスを行うことが可能となります。

多くのクラスタ管理製品が類似の機能を提供しており、VMware vSphere では「vMotion」という名称で知られています。OpenShift Virtualization においても、Kubernetes の仕組みを活用してライブマイグレーションがサポートされています。この機能は、特に高可用性を求められる環境や、ダウンタイムを最小限に抑えたい状況で有用です。

本節では、具体的な手順や操作例を通じて、ライブマイグレーションの仕組みや実施方法を詳しく説明します。

第 4 章 仮想マシンのカスタマイズ

4-4-1　ベアメタルノードの追加

仮想マシンのライブマイグレーションを実行するには、OpenShift クラスタに 2 台以上のベアメタルノードが必要です。そこで、2 台目のベアメタルノードをクラスタに追加します。

OpenShift のコンソール画面の管理者パースペクティブにて、「コンピュート」メニューから「MachineSet」に進みます。OpenShift クラスタを作成した際に設定した MachineSet リソースをクリックし、「必要なカウント」を「2」に設定し、2 台目の c5.metal の EC2 インスタンスをプロビジョニングします。

しばらく待つと、新しい EC2 インスタンスが OpenShift クラスタ内の Compute ノードとして登録され、仮想マシンのライブマイグレーションに必要なベアメタルノード構成が整います。

4-4-2　ライブマイグレーションの仕組み

OpenShift Virtualization におけるライブマイグレーションの仕組みを詳しく説明します。

仮想マシンは仮想ディスクによって構成されており、OS イメージや仮想マシン動作中に生成されるデータは PV により永続化されています。また、仮想マシンインスタンスは Pod として起動しています。

ライブマイグレーションを実行すると、別の Compute ノードで新たなインスタンスが作成されます（Figure 4-31）。

Figure 4-31　ライブマイグレーション開始

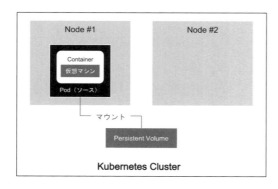
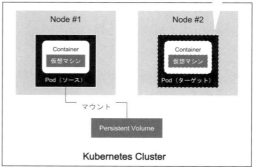

新たなインスタンス（ターゲット）の作成が完了すると、一時的にソースとターゲットから同じ PV に対する読み書きが同時に行われます。そのため、ライブマイグレーションには複数ノードからの同

時読み書きに対応するアクセスモードである ReadWriteMany（RWX）が設定された PV が必要です。

ライブマイグレーションが開始されると、ソース上のメモリのコピーがターゲットに転送されます。すべてのメモリが転送されるまでの間、ターゲットとソースは短時間同時に起動した状態になります。

すべてのメモリが転送されると、ソースは削除され、ターゲットが単独で動作を継続します（Figure 4-32）。

Figure 4-32 ライブマイグレーション完了

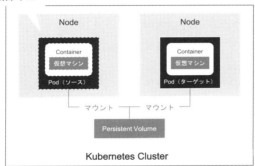
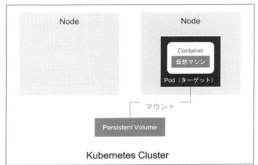

以上の動作により、ライブマイグレーションによって仮想マシンが停止することなくコンピュート間を移動したように見えます。

4-4-3 ライブマイグレーションを実行する

GUI を利用して仮想マシン「example-template-customize」のライブマイグレーションを実行します。

OpenShift のコンソール画面を開き、仮想マシン「example-template-customize」の詳細画面に移動します。VNC コンソール画面に切り替え、「Guest login credentials」を使用して仮想マシンにログインしてください。

仮想マシンにログインできたら、以下のコマンドを実行し、Node.js アプリケーションを起動します。

```
[example-user@example-snapshot-clone ~]$ node index.js
```

再び Node.js アプリケーションが UTC 標準時を 1 秒ごとに出力し続ける状態になります。この状態を維持したままライブマイグレーションを実行し、仮想マシンの動作の継続性を確認します。

第 4 章 仮想マシンのカスタマイズ

ライブマイグレーション実行前後では、以下の 2 点が変化します。

① 仮想マシンがスケジュールされている Compute ノード
ライブマイグレーションにより、仮想マシンが別の Compute ノード上に再作成されます。

② vNIC に割り当てられた IP アドレス
再作成された Virt launcher Pod には新しい IP アドレスが割り当てられます。

ライブマイグレーションを実施する前に、仮想マシンの詳細画面から、スケジュールされている Compute ノードと、vNIC に割り当てられた IP アドレスを確認します（Figure 4-33）。

Figure 4-33　ライブマイグレーション前の仮想マシンのノードと IP アドレス

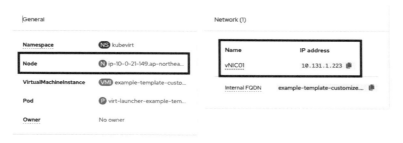

上記の情報を確認できたら、仮想マシンの詳細画面右上にある「Actions」プルダウンメニューをクリックし、「Migrate」を選択して、ライブマイグレーションを開始します（Figure 4-34）。

Figure 4-34　ライブマイグレーションの方法

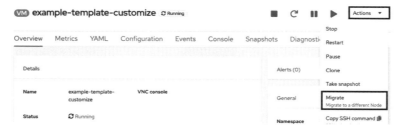

ライブマイグレーションを開始すると、仮想マシンの Status 欄がごく短い間「Migrating」と表示されます。ライブマイグレーション後、仮想マシンの詳細画面が自動的に更新され、Status に再び「Running」と表示されます。このとき、VNC コンソールでは Node.js アプリケーションによる UTC 標

準時の出力が継続していることがわかります。

この結果から、仮想マシンが起動状態を維持したまま Compute ノード間を移動したことが確認できます。

最後に、仮想マシンがスケジュールされている Compute ノード名と、vNIC に割り当てられている IP アドレスを再確認しましょう。

- Compute ノード名が、2 台目の c5.metal インスタンスに変更されています。
- Virt launcher Pod が再作成されたことに伴い、vNIC の IP アドレスが新しい値に更新されています。

ライブマイグレーションを試した後は、MachineSet の「必要なカウント」を再び「1」に設定し、増加させた c5.metal インスタンスを元の 1 台に戻しておいてください（Figure 4-35）。

Figure 4-35　c5.metal インスタンスを 1 台に戻す

仮想マシンに固有の IP アドレスを付与し、ライブマイグレーション前後でも IP アドレスを変更せずに利用したい場合、追加の仮想 NIC（vNIC）をセカンダリネットワークに参加させる必要があります。

セカンダリネットワークを構成するには、「4-1-4 Network Interfaces」で触れた NAD を利用します。このリソースを適用することで、OpenShift Virtualization 環境に新しいネットワークを追加できます。

セカンダリネットワークに参加する追加の vNIC に対して固定 IP アドレスを設定すると、その IP アドレスは仮想マシン固有の IP アドレスとなり、仮想マシンのライブマイグレーション前後で変更されることなく維持されます。

詳細な構成手順や使用例については、第 5 章で説明します。この仕組みを活用することで、仮想マシンのネットワーク設定をより柔軟に管理し、特定の IP アドレスを必要とするアプリケーションやサービスに対応できます。

第 4 章 仮想マシンのカスタマイズ

4-4-4　ライブマイグレーション専用ネットワーク

OpenShift クラスタに物理ネットワーク（アンダーレイネットワーク）が 1 つしか存在しない場合、仮想マシンのライブマイグレーション中にメモリ転送がそのネットワークを通じて行われます。この場合、ライブマイグレーションが他の仮想マシンやコンテナ間の通信帯域を圧迫し、全体のパフォーマンスに影響を与える可能性があります。

この問題を回避し、他のワークロードに影響を与えずにライブマイグレーションを実現するためには、ライブマイグレーション専用の物理ネットワークを用意することが推奨されます。この専用ネットワークは、Multus CNI プラグインを利用し、セカンダリネットワークとして作成可能です。

専用ネットワークを構成するためには、各 Compute ノードが 2 つ以上の物理 NIC を持つ必要があります。そのうち 1 つをライブマイグレーション専用 NIC として使用します。

本書で利用しているクラウド環境では、新しい物理ネットワークを敷設できないため、実際の手順を再現できませんが、以下にライブマイグレーション専用ネットワークを利用したデータ伝送のイメージを示します（Figure 4-36）。

Figure 4-36　ライブマイグレーション専用ネットワークによるデータ伝送のイメージ

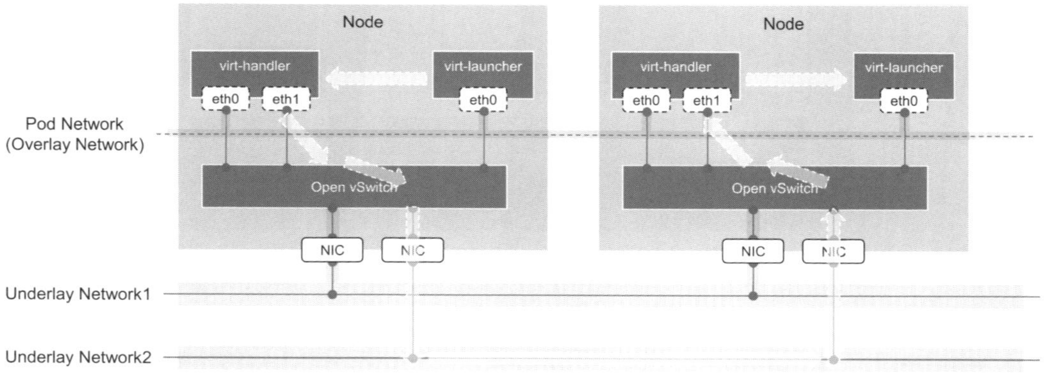

2 つ目の物理ネットワークは、第 2 章で紹介した Virt handler Pod に接続されます。ライブマイグレーション中のデータは、このネットワークを介して仮想マシンインスタンス（Virt launcher）間で転送されます。このアプローチにより、デフォルトネットワークの帯域を消費せず、安定的なデータ転送が可能になります。

ライブマイグレーション専用ネットワークの詳細な設定方法については OpenShift Virtualization の公

式ドキュメント[10]を参照ください。

4-5　まとめ

　本章では、Template を活用した仮想マシンのカスタマイズを説明しました。また、virtctl CLI を用いて仮想マシン作成時に登録した SSH 鍵によるリモート接続やファイル転送を実行し、作業環境のターミナルから仮想マシン内部でのファイル作成や編集も実施しました。これらを通じて、従来の仮想マシン運用と同様の操作性を、OpenShift Virtualization 上でも実現可能であることを確認できたのではないでしょうか。

　さらに、仮想マシンを外部ネットワークに公開する仕組み、永続ボリュームのマウント、スナップショットの作成など、多くの機能が Kubernetes がコンテナに対して提供してきた仕組みを流用していることを確認しました。これにより、仮想マシン運用に Kubernetes の強力な機能を活用できるというメリットを感じられたことでしょう。

　また、最後に仮想マシンの状態を維持しながら Compute ノードを移動するライブマイグレーションの仕組みについても解説しました。ライブマイグレーションは、仮想マシンの停止を伴わないノード間移動を実現し、高可用性やリソースの柔軟な管理において重要な役割を果たします。

　本章で学んだ内容を活用し、さらなる運用の効率化や最適化を目指してください。

＊10　https://docs.redhat.com/ja/documentation/openshift_container_platform/4.16/html/virtualization/
virt-dedicated-network-live-migration

第 4 章 仮想マシンのカスタマイズ

第5章

リソース制御と管理

これまでの章で仮想マシンの作成方法や、作成した仮想マシンに対する操作方法について学びました。本章では仮想マシンに割り当てる CPU やメモリなど、各種リソースの設定について解説します。

OpenShift Virtualization で仮想マシンを動かすにあたり、1 台のベアメタルノード上でどれだけの台数の仮想マシンを立てることができるのかを理解することは、ハードウェアリソースの利用効率を高めたり、既存の仮想環境からのマイグレーションを考える上で重要です。

またアプリケーションの要件を満たすため、特定の物理 CPU を仮想マシンに割り当てることで性能向上を図ったり、複数の NIC を設定し仮想マシンを追加のネットワークに接続したりするケースも考えられます。

OpenShift Virtualization では Kubernetes の仕組みを利用し、こうした設定を仮想マシンで実現します。OpenShift Virtualization におけるリソースの制御方法を理解し、さまざまなパターンでの仮想マシンの構築方法をマスターしましょう。

第 5 章 リソース制御と管理

5-1 コンピュートリソースの割り当て

本節では Compute ノードとして動作するベアメタルノードのコンピュートリソース（CPU/Memory）が、仮想マシンに対してどのように割り当てられるのかを確認していきます。前提知識として、まず Pod に対してどのようにノードのリソースが割り当てられるかを確認します。その後、仮想マシンを新たに起動し、OpenShift Virtualization におけるリソースの仕組みについて理解を深めていきます。

5-1-1 Pod へのリソース割り当て

仮想マシンへのリソースの割り当てについて学ぶ前に、Pod へのリソースの割り当てについて確認しましょう。

Kubernetes では Compute ノードのコンピュートリソースを Pod に割り当てます。Pod のマニフェストの中で個々のコンテナに requests / limits を設定することで、リソースの要求と利用可能な上限を決めます。

```
spec:
  containers:
  - name: sample-app
    image: images.my-company.example/app:v4
    resources:
      requests:
        memory: "64Mi"
        cpu: "250m"
      limits:
        memory: "128Mi"
        cpu: "500m"
```

このとき Kubernetes のスケジューラは設定された requests の値を確認し、クラスタ内で十分なリソースを持つ Compute ノードに Pod をアサインします。limits については、スケジューリングの際に考慮されません。

■ リソース割り当ての制限

Compute ノードでは、ユーザが実行するコンテナにすべてのコンピュートリソースが割り当てられるわけではありません。Compute ノードでは、Kubernetes の API Server と通信を行う kubelet や、コン

152

テナの操作を行うコンテナランタイムを実行するため、そのリソースを確保する必要があります。仮に、ノードのリソースをすべてユーザのコンテナの実行に割り当てるとすると、ランタイムの実行が阻害され、深刻な場合では、ノード上のすべてのコンテナが停止する可能性があります。

そのため Kubernetes では kubelet やコンテナランタイムを動かすためのリソースを確保したり、ノード上のリソースを過剰に使わないように、実行中の Pod を終了する Eviction（退避）という仕組みを備えています。Pod に割り当て可能なリソースは、ノード全体のリソースに対し、**Figure 5-1** における Allocatable として表すことができます[*1]。

Figure 5-1　割り当て可能なリソース

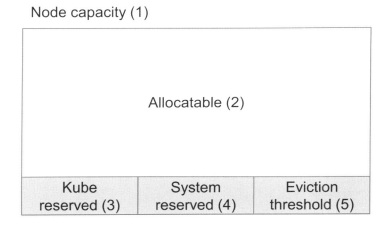

Figure 5-1 を式として表すと次のとおりです。

> Allocatable(2) = Node capacity(1) − Kube reserved(3) − System reserved(4) − Eviction threshold(5)

(1) Node capacity：ノード全体のリソース

(2) Allocatable：コンテナに割り当て可能なリソース

(3) Kube reserved：Kubernetes の実行に関わるコンポーネント（コンテナランタイム、kubelet など）のためにあらかじめ確保するリソース

(4) System reserved：OS のシステムデーモンを実行するためにあらかじめ確保するリソース

---

*1　Figure 5-1 は、以下の URL リンクの情報を元に作成しています。
https://kubernetes.io/docs/tasks/administer-cluster/reserve-compute-resources/

第 5 章　リソース制御と管理

(5) Eviction threshold：Pod の Eviction を行う際のしきい値

Compute ノードとしてコンテナに割り当てることができるリソース (2) は、ノード全体のリソース (1) のうち、システムのためにあらかじめ確保しておく領域（3)(4）と、Pod の退避のためのしきい値 (5) を除いた値です。

(3)(4)(5) については Compute ノードで実行する kubelet の実行オプションとして、値を設定することができます。実際に設定された値を確認するには、まず対象のノード名を確認の上、ターミナルで「oc proxy」を実行します。その後、別のターミナルを開き、以下のコマンドを実行します。

```
## kubelet の設定確認。NODE_NAME には確認対象のノード名を設定
$ curl -sSL "http://localhost:8001/api/v1/nodes/$NODE_NAME/proxy/configz" | jq .
...
"evictionHard": {
    "imagefs.available": "15%",
    "memory.available": "100Mi",
    "nodefs.available": "10%",
    "nodefs.inodesFree": "5%"
},
...
"systemReserved": {
    "cpu": "500m",
    "ephemeral-storage": "1Gi",
    "memory": "1Gi"
},
...
```

実行結果を見ると System reserved(4）や、Eviction threshold(5）の値が設定されていることが確認できます。OpenShift では、コンテナランタイムや kubelet の実行についても System reserved にて必要なリソース確保を行っているため、Kube reserved は設定されていません[2]。

■ 割り当て可能なリソースの確認

割り当て可能なリソース (2) を確認するには、以下のコマンドを実行します。

---

* 2　https://docs.redhat.com/ja/documentation/openshift_container_platform/4.16/html-single/nodes/
index#nodes-nodes-resources-configuring-about_nodes-nodes-resources-configuring

● 5-1 コンピュートリソースの割り当て

```
## ノード上の割り当て可能なリソースの確認
$ oc describe node $NODE_NAME| grep -A 9 "Allocatable:"
Allocatable:
  cpu:                         95500m
  devices.kubevirt.io/kvm:     1k
  devices.kubevirt.io/tun:     1k
  devices.kubevirt.io/vhost-net:  1k
  ephemeral-storage:           288211086062
  hugepages-1Gi:               0
  hugepages-2Mi:               0
  memory:                      196520664Ki
  pods:                        250
```

CPU の値を見ると、コンテナに割り当て可能な値 (2) として 95500m が設定されています。ノード全体のリソース (1) としては 96Core(=96000m Core) ですが、System reserved(4) として 500m Core が確保されていることから、その差が割り当て可能な値となっています。

5-1-2　VirtualMachine へのリソースの割り当て

OpenShift Virtualization で仮想マシンを作成する場合、前項で確認したノードの割り当て可能なリソースから、仮想マシンのためのリソースを払い出します。第 3 章で仮想マシンを作成した際に確認したように、VirtualMachine リソースでは CPU や Memory の値を設定することができます。

しかし、そこで設定された値がそのままノード上のリソースを消費するのではなく、実際には CPU のオーバーコミット率や Memory のオーバーヘッドを加味した値を利用します。直観的にわかりづらいポイントですが、実際に仮想マシンを作成し、設定を確認することで、VirtualMachine のリソース設定の仕組みについて理解しましょう。

■ 仮想マシンの構築

まずはリソース確認のための仮想マシンを構築します。仮想マシンを起動する新たなプロジェクトとして test-resources というプロジェクトを作成します。

155

第 5 章 リソース制御と管理

```
## 新規プロジェクト（Namespace）の作成
$ oc new-project test-resources
```

　第 4 章の実施内容と同様に OpenShift コンソールの Virtualization メニューから Template を利用して
仮想マシンを作成します。Fedora VM を選択し、CPU/Memory の値を以下のとおり変更します。

- CPU：4CPU
- Memory：8Gi

　後ほど VNC コンソールからログインするため、VirtualMachine の名前やパスワードも変更しましょ
う。その他の設定に関してはデフォルトのままとし、設定が完了したら仮想マシンを起動します。

■ マニフェストの確認

　仮想マシン起動後に、仮想マシン詳細画面の「YAML」タブから VirtualMachine のマニフェストを確
認すると、CPU と Memory は以下のように設定されます。

```
...
    spec:
      architecture: amd64
      domain:
        cpu:
          cores: 1
          sockets: 4
          threads: 1
...
        memory:
          guest: 8Gi
...
```

　CPU に関して、Template の仮想マシン作成画面では合計の「CPU 数：4」のみを設定しましたが、マ
ニフェストに設定される値を見ると、cores、sockets、threads と 3 行にわたり記載されているのが
わかります。これらを掛け合わせた値が、実際に仮想マシンに設定される合計の CPU 数です。

●5-1 コンピュートリソースの割り当て

```
CPUs = Cores * Sockets * Threads
```

Memory については仮想マシン作成画面で設定された値が、そのままマニフェストにも設定されています。

■ CPU/Memory の割り当てリソースの確認

起動した仮想マシンにログインし設定を確認します。VNC コンソールを開き、仮想マシンへログインしたら、以下の2つのコマンドを実行し結果を確認します。

```
## CPU の確認
[fedora@fedora-resource-test ~]$ lscpu
...
CPU(s):                 4
  On-line CPU(s) list:  0-3
Vendor ID:              GenuineIntel
  Model name:           Intel Xeon Processor (Cascadelake)
    CPU family:         6
    Model:              85
    Thread(s) per core: 1
    Core(s) per socket: 1
    Socket(s):          4
...

## Memory の確認
[root@fedora-resource-test ~]# free -h
              total        used        free      shared  buff/cache   available
Mem:          7.7Gi       445Mi       7.2Gi       792Ki       345Mi       7.3Gi
Swap:         7.7Gi          0B       7.7Gi
```

CPU については、マニフェストで設定された cores、sockets、threads の値が起動した仮想マシンにもそのまま反映されていることが確認できます。Memory についてはマニフェストで設定された値（8Gi）と、free コマンドの実行結果の total として表示される値（7.7Gi）に差分があります。これは OS のカーネル起動時に予約された領域が除かれて表示されるためです。「dmesg | grep -i memory」コマンドを実行すると、カーネルの起動メッセージで確認できます。

これらの結果から、仮想マシンの起動時に画面上で設定したリソースの値が、実際の仮想マシンに

第 5 章　リソース制御と管理

どのように反映されるかを確認できました。

5-1-3　Virt launcher Pod のリソース

　続いて、起動した仮想マシンに対応する Pod である Virt launcher Pod に設定されたリソースを確認します。「oc get pod」コマンドを実行し Pod 名を確認した上で、以下のコマンドを実行します。

```
## Pod に設定されたリソースの確認。POD_NAME に確認対象の Pod 名を設定
$ oc get pod $POD_NAME -o yaml | grep -A 11 "resources:"
      resources:
        limits: ##①
          devices.kubevirt.io/kvm: "1"
          devices.kubevirt.io/tun: "1"
          devices.kubevirt.io/vhost-net: "1"
        requests:
          cpu: 400m ##②
          devices.kubevirt.io/kvm: "1"
          devices.kubevirt.io/tun: "1"
          devices.kubevirt.io/vhost-net: "1"
          ephemeral-storage: 50M
          memory: 8474Mi ##③
```

■ Pod に設定されたリソースの確認

結果についていくつかのポイントを確認していきましょう。

①：CPU と Memory について、デフォルトの設定では limits が設定されません。

②：CPU は VirtualMachine に設定した値（4CPU）の 10 分の 1 の値が requests として設定されます。

③：Memory は VirtualMachine に設定した値（8Gi = 8192Mi）より、やや大きな値が設定されます。

それぞれ詳しく見ていきます。

○ limits の設定

　まずは limits の設定についてです。Kubernetes では limits、requests の設定により、Pod に Quality of Service（QoS）Class を設定しています。QoS Class には BestEffort、Burstable、Guaranteed という 3 つのクラスがあり、これらはノードのリソースが逼迫した際に Pod を退避する際の順番を管理していま

す。早い順から、BestEffort → Burstable → Guaranteed という順番で退避が行われます。

○ VirtualMachineInstance リソースの QoS Class

仮想マシンの現在の状態を表す VirtualMachineInstance（VMI）リソースにも、Pod と同様に、QoS Class が存在します。VMI の QoS Class は Pod と異なり、Burstable と Guaranteed の 2 つのみです。ノードリソース逼迫時には Burstable が設定された VMI が、Guaranteed が設定された VMI よりも先に退避されます。そのため、異なる可用性レベルの仮想マシンを 1 つのクラスタで運用する場合は、適切な QoS Class の設定が必要です。VMI の QoS Class は以下の条件により決定されます。

- Burstable：Memory の limits が設定されていない、もしくは request の値より大きな値が limits として設定される。
- Guaranteed：Memory の limits に requests の値と同じ値が設定される。

デフォルトの設定では、仮想マシン作成時に limits が設定されないことから、起動した VMI の QoS Class は Burstable となります。limits の設定方法は、手動で VirtualMachine のマニフェストを編集するか、仮想マシン起動時に自動で設定を行うようにするかの 2 つの方法があります。

○マニフェストによる limits の設定

手動で設定を行う場合、以下のように VirtualMachine のマニフェストに値を追記します。

```
...
  spec:
    domain:
      cpu:
        cores: 1
        sockets: 4
        threads: 1
      memory:
        guest: 8Gi
      resources: ## この行以下を追記
        limits:
          cpu: 4
          memory: 8Gi
...
```

上記の場合、もともと仮想マシンに設定していた CPU/Memory と同じ値が limits に設定され QoS Class として Guaranteed が設定されます。QoS Class は VMI の作成時に設定されるため、すでに起動中

第 5 章 リソース制御と管理

の仮想マシンに QoS Class の設定を反映するには、仮想マシンの停止→起動が必要となります。

○ limits の自動設定

limits の設定を自動で行うためには、OpenShift Virtualization のインストール後に作成した HyperConverged リソースの値を変更します。`spec.featureGates.autoResourceLimits` を `true` に設定することでクラスタ全体で limits 自動設定の機能が有効化されます。

```
## HyperConverged の編集
$ oc edit hyperconverged kubevirt-hyperconverged -n openshift-cnv

## 以下のとおり変更
apiVersion: hco.kubevirt.io/v1beta1
kind: HyperConverged
...
spec:
  featureGates:
    autoResourceLimits: true ## 変更
...
```

実際に limits の自動設定を行うには、仮想マシンを実行するプロジェクトに、リソース上限を管理する ResourceQuota を作成しておく必要があります。

```
## ResourceQuota の作成例
$ cat << EOF | oc apply -f -
apiVersion: v1
kind: ResourceQuota
metadata:
  name: test-quota
  namespace: test-resources
spec:
  hard:
    limits.cpu: '100'
    limits.memory: 100Gi
EOF
```

ResourceQuota がある状態で新たな仮想マシンを起動すると Virt launcher Pod に自動的に limits が設定されます。自動設定では仮想マシン作成時に指定した Memory の 2 倍の値が limits として設定されるため、QoS Class には Burstable が設定されます。

● 5-1 コンピュートリソースの割り当て

○ Virt launcher Pod の CPU

続いて Virt launcher Pod に設定された CPU の値について確認します。Virt launcher Pod の CPU の requests の値は、デフォルトで仮想マシンに設定した CPU 数の 10 分の 1 の値が設定されていました。なぜこのような設定になっているのかというと、OpenShift Virtualization では仮想マシンを起動する際に CPU をオーバーコミットして利用するためです。

CPU のオーバーコミットとは、物理的な CPU 数より多くの CPU を仮想マシンに割り当てる設定です。多くの仮想マシンのワークロードは CPU を常に最大限利用するわけではなく、時間ごとにリソースの使用率にばらつきがあります。したがって、ハードウェア上で利用されないリソースを最小化するために、物理的な CPU 数より多くの仮想 CPU を割り当てることで、リソースを効率的に活用します。

OpenShift Virtualization ではデフォルトで CPU のオーバーコミットが有効化されています。この設定は、HyperConverged リソースの vmiCPUAllocationRatio の値に応じて、オーバーコミットの割合が決められています。

```
apiVersion: hco.kubevirt.io/v1beta1
kind: HyperConverged
...
spec:
  resourceRequirements:
    vmiCPUAllocationRatio: 10  ## CPU のオーバーコミット率 (1000%)
...
```

デフォルトの設定値は 10 なので、物理 CPU 数の 10 倍まで仮想マシンの CPU を割り当てることができます。OpenShift Virtualization において、仮想マシンのノードへのスケジューリングは Virt launcher Pod に設定される CPU の requests で決まり、その値は以下の式で表すことができます。

```
Virt launcher Pod CPU requests = VirtualMachine CPUs / vmiCPUAllocationRatio
```

仮想マシンに 4CPU を設定すると、その 10 分の 1 の値である、400m Core が Virt launcher Pod の requests に設定されます。

適切なオーバーコミットの割合は仮想マシンとして実行するワークロードにより異なるため、vmiCPUAllocationRatio にいくつの値を設定するのが良いか決めるのは難しいのですが、一つの目安として 2〜4 程度にするのがよいでしょう。

第 5 章 リソース制御と管理

○ **Memory の設定**

最後に Memory の設定を確認します。Virt launcher Pod の Memory requests の値は仮想マシンにもともと設定していた値より大きな値が設定されていました。これは仮想マシンのゲスト OS が消費する Memory に加え、ビデオアダプタや IO スレッドなど各種オーバーヘッドが加算され、合算された値が Pod の requests として設定されたことが原因です。

オーバーヘッドを含めた Memory の値はおおよそ以下の式で計算することができます。[3]

```
Total Memory = 1.002 × (Virtual Machine Memory requests)
             + 218 Mi
             + 8 Mi × (number of vCPUs)
             +16 Mi × (number of graphics devices)
             + (additional memory overhead)
```

Virtual Machine Memory requests の値（8192Mi）をこちらの式に当てはめると、Total Memory の値（8474Mi）を導出することができます。こちらが Virt launcher Pod の requests に設定されます。

なお、Memory のオーバーヘッドは、VirtualMachine のマニフェストに以下の設定を行うことで追加しないことも可能です。

```
...
  spec:
    domain:
      resources:
        overcommitGuestOverhead: true  ## Memory オーバーヘッドを追加しない
...
```

しかしこの場合、起動した仮想マシン上で Memory の要求が高まると Out of Memory エラーが発生するリスクがあるため、仮想マシンを一時的に起動する場合など、限られた状況でのみ利用するのがよいでしょう。

＊ 3　https://docs.redhat.com/ja/documentation/openshift_container_platform/4.16/html/virtualization/installing#virt-cluster-resource-requirements_preparing-cluster-for-virt

Column　Memoryのオーバーコミット

　CPUと同様に、Memoryについてもオーバーコミットを設定し、実際に搭載された物理Memoryの容量以上に仮想マシンにMemoryを設定して動かすことができます。

　設定方法は、以下のようにVirtualMachineリソースにおいてdomain以下の`resources.requests.memory`と、`memory.guest`にそれぞれ値を設定するだけです。前者の設定は仮想マシンとしてベースとなるMemoryの要求を表し、後者はオーバーコミット時に最大でどれだけMemoryを使うことができるかを表します。このときVMIのQoS ClassにはBurstableが設定されます。

```
...
  spec:
    domain:
      resources:
        requests:
          memory: 8Gi  ## ベースとなるMemoryの要求値
        memory:
          guest: 16Gi  ## オーバーコミットの限界値
...
```

　ベアメタルノード上の仮想マシンの集約率を向上するため、オーバーコミットは便利な機能ですが、CPUと異なりMemoryのオーバーコミットの設定には気を付ける必要があります。

　たとえば、複数の仮想マシンでMemoryのオーバーコミットを設定する場合、それらのMemoryの消費がComputeノード上で利用可能なMemoryのしきい値（Eviction threshold）を超えると、仮想マシンのEvictionが行われます。これにより仮想マシンで実行中のアプリケーションが停止するリスクがあります。

　こうしたリスクを低減するため、OpenShift VirtualizationではMemoryのSwapを設定することが可能です[*4]。Memoryの内容を一時的にSSDなどの補助記憶装置に退避することで、パフォーマンスは低下しますがOut of Memory（OOM）やEvictionが発生する可能性を減らすことができます。

　Memoryのオーバーコミットを行う場合は、開発環境などへの適用に留め、ミッションクリティカルなシステムの本番環境では行わない方がよいでしょう。

5-1-4　ノードごとの仮想マシン数の見積もり

　これまでの内容を踏まえ、Computeノード上でいくつの仮想マシンを立てることができるのか計算してみましょう。

---

*4　https://docs.redhat.com/ja/documentation/openshift_container_platform/4.16/html/virtualization/virt-configuring-higher-vm-workload-density

第 5 章 リソース制御と管理

■ 余剰リソースの確認

まずはノードにどれほどの余剰リソースがあるのか確認します。ノードの中で Pod に割り当てることができるリソースについては、本節の最初に確認したとおり、「oc describe node」コマンドの実行結果で表示される Allocatable から見ることができました。ここからすでに Pod に割り当て済みのリソース（Allocated resources）を引くことで余剰リソースを計算できます。

以下のコマンドから確認しましょう。

```
## 割り当て済みリソースの確認
$ oc describe node $NODE_NAME | grep -A 11 "Allocated resources:"
Allocated resources:
  (Total limits may be over 100 percent, i.e., overcommitted.)
  Resource                      Requests        Limits
  --------                      --------        ------
  cpu                           1637m (1%)      920m (0%)
  memory                        6321Mi (3%)     1142Mi (0%)
  ephemeral-storage             0 (0%)          0 (0%)
  hugepages-1Gi                 0 (0%)          0 (0%)
  hugepages-2Mi                 0 (0%)          0 (0%)
  devices.kubevirt.io/kvm       0               0
  devices.kubevirt.io/tun       0               0
  devices.kubevirt.io/vhost-net 0               0
```

もともとのノードの Allocatable は、CPU は 95500m、Memory は 191914Mi でした。ここから上記の Allocated resources の requests の値を引くと、CPU は 93863m、Memory は 185593Mi です。これらが現在対象のノード上で利用可能なリソースを表しています。

次にこのノードで CPU 数が 4、Memory が 8Gi（=8192Mi）の仮想マシンを何台立てられるか計算します。この仮想マシンの Virt launcher Pod は、CPU では 400m、Memory では 8474Mi のリソースを要求していました。以下の式で、同じスペックの仮想マシンをいくつ立てられるのか計算します。

```
CPU : 93863m / 400m = 234.658
Memory : 185593Mi / 8474Mi = 21.901
```

この場合、より小さい Memory の計算結果が、構築可能な仮想マシンの台数を決めるため、最大で21 台まで仮想マシンを構築することができるとわかります。それでは実際に仮想マシンを立てて検証

● 5-1 コンピュートリソースの割り当て

を行います。

■ 起動可能な仮想マシンの確認

仮想マシンを複数同時に起動するために VirtualMachinePool というリソースを作成します。こちらは Pod に対する ReplicaSet のように、指定したレプリカ数の VirtualMachine を管理することができるリソース[5]です。

```
apiVersion: pool.kubevirt.io/v1alpha1
kind: VirtualMachinePool
metadata:
  name: vmpool-resource-test
spec:
  replicas: 21 ## 仮想マシンのレプリカ数
  ...
```

本書のリポジトリにあるマニフェストより VirtualMachinePool を作成します。以下のコマンドを実行してください。

```
## 5章のディレクトリに移動
$ cd ~/openshift_virtualization_tutorial/code-05/

## VirtualMachinePool の作成
$ oc apply -f virtualmachinepool.yml -n test-resources
```

実行すると 21 台の仮想マシンが起動します。この状態で改めて「oc describe node」を実行し、ノードの Allocated resources を確認すると、Memory は 184275Mi（96%）がリクエストされており、ノードのリソースがぎりぎりまで割り当てられていることがわかります。

実験として、さらにもう 1 台仮想マシンを追加してみましょう。以下のコマンドを実行し、仮想マシンのレプリカ数を 22 台に変更し、VirtualMachine の状態を確認します。

＊5　OpenShift Virtualization ではサポート対象外の機能となるため注意してください。

165

第 5 章 リソース制御と管理

```
## レプリカ数の変更
$ oc patch vmpool vmpool-resource-test --type='merge' -p='{"spec":{"replicas":22}}'
virtualmachinepool.pool.kubevirt.io/vmpool-resource-test patched

$ oc get vm
NAME                      AGE      STATUS             READY
vmpool-resource-test-0    28m      Running            True
vmpool-resource-test-1    28m      Running            True
...
vmpool-resource-test-21   4m13s    ErrorUnschedulable False
```

ステータスを確認すると、追加した仮想マシンについては、ErrorUnschedulable となり、ノードの
リソース不足によりスケジューリングが行われないことが確認できます。

ここまでの内容で、OpenShift Virtualization を利用して仮想マシンを起動する際のコンピュートリ
ソースの割り当てについて理解することができました。実務では個々の仮想マシンのスペックはさま
ざまであるため、必要なリソースの計算はより複雑になりますが、本節で扱った考え方を適用し、適
切な仮想マシンのサイジングに役立ててください。

最後に、以下のコマンドを実行し、本節で作成した VirtualMachinePool を削除しましょう。

```
## VirtualMachinePool の削除
$ oc delete vmpool vmpool-resource-test -n test-resources
```

5-2　コンピュートリソースの設定

　仮想基盤上で仮想マシンを実行する場合、そこで動かすアプリケーションの種類によっては、デフォルトで割り当てられるコンピュートリソース（CPU/Memory）では十分な性能を発揮することが難しいケースがあります。たとえば、リアルタイムに取引を処理する必要がある金融取引システムや、データベースなどでは大量のトランザクションを短時間で処理する必要があります。

　仮想マシンの世界ではこうしたアプリケーションの要求に対応するため、多くの技術が発展してきました。本節ではそれらを取り上げ、OpenShift Virtualization における設定方法を解説します。

　なお、本節の各設定内容についてはそれぞれ独立しているため、興味のある箇所のみを確認し、適用することも可能です。

5-2-1　CPU ピニング

　仮想マシンを実行する際に、仮想マシンの仮想 CPU（vCPU）をノード上の特定の物理 CPU（pCPU）に割り当てることで、同じ基盤上で実行される他の仮想マシンやコンテナの影響を回避し、パフォーマンスの向上を見込めます。vCPU を特定の pCPU に固定することから、この設定は CPU ピニング（CPU Pinning）と呼ばれます。CPU ピニングのメリットとデメリットは以下のとおりです。

○ メリット

　▷ vCPU が他の pCPU にスケジュールされることがなくなるため、キャッシュミスが起きる可能性を減らすことができる。

　▷ 同じ基盤上で実行される他のワークロード（仮想マシン、コンテナ）からの影響を受けにくくなる。

○ デメリット

　▷ pCPU を占有し共有しないため、ピーク時間帯以外でリソースの利用効率が下がる場合がある。

Kubernetes では CPU Manager という機能で CPU ピニングを設定することができます。CPU Manager はノードで実行される kubelet の機能の一部です。CPU Manager はノードにおける CPU の割り当て方法をポリシーとして管理します。

　CPU Manager のポリシーには、デフォルトの設定である「none」と、CPU ピニングのための「static」があります。Pod で CPU ピニングを有効化するためには、ポリシーとして「static」を設定した上で、さらに以下の 2 つの条件を満たす必要があります。

第 5 章　リソース制御と管理

(1) 対象の Pod の QoS Class が Guaranteed として設定される。

(2) CPU の requests/limits がミリコア単位ではなく整数値で設定される。

上記を満たした場合に、対象の Pod に pCPU を割り当てます（Figure 5-2）。

Figure 5-2　Pod への物理 CPU の割り当て

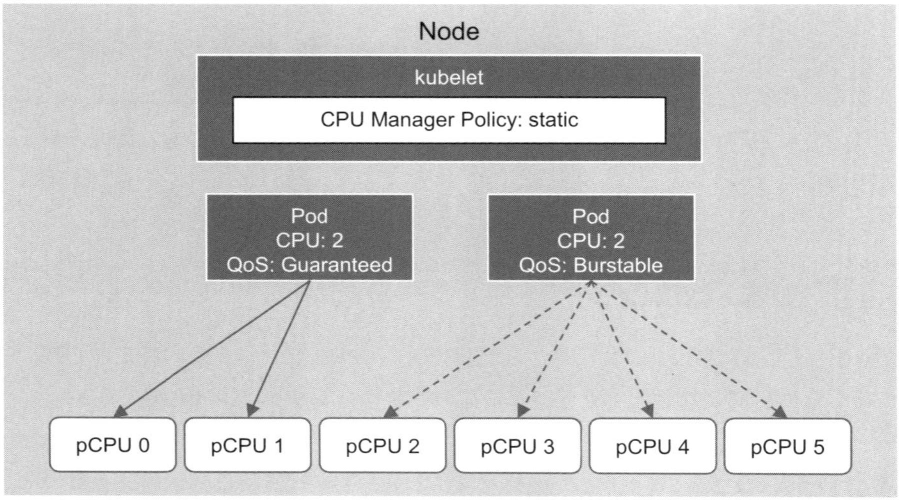

■ CPU Manager のポリシー設定

　仮想マシンに CPU ピニングを設定する場合も上記の仕組みを利用します。まずノード上の kubelet に対し CPU Manager のポリシーを設定しましょう。

　OpenShift では、kubelet に対する各種の追加設定を KubeletConfig というカスタムリソースで管理しています。対象とするノードは、ノードに対する設定を管理する MachineConfigPool リソースに設定されたラベルにより決定されます。以下の操作により、ラベリングと KubeletConfig の作成を行います。

```
## MachineConfigPool へのラベル追加
$ oc label machineconfigpool worker custom-kubelet=cpumanager-enabled

## KubeletConfig の作成
$ cat << EOF | oc apply -f -
apiVersion: machineconfiguration.openshift.io/v1
```

```
kind: KubeletConfig
metadata:
  name: cpumanager-enabled
spec:
  machineConfigPoolSelector:
    matchLabels:
      custom-kubelet: cpumanager-enabled ## MachineConfigPool と同じラベルを設定
  kubeletConfig:
    cpuManagerPolicy: static  ## CPU ピニングのため static を設定
    cpuManagerReconcilePeriod: 5s
EOF
```

上記を実行すると、対象のノードが再起動し、kubelet の CPU Manager にポリシーを適用できます。

■ **Template による仮想マシン作成**

OpenShift コンソールで、「Virtualization」メニューの Template から仮想マシンを作成します。OS として Fedora を選択し、仮想マシンのカスタマイズを行います。カスタマイズ画面の「**Scheduling**」タブから「**Dedicated resources**」を選択し、設定にチェックを入れて保存してください（Figure 5-3）。

Figure 5-3　VirtualMachine の CPU ピニング設定

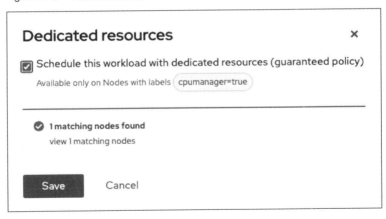

このとき、VirtualMachine のマニフェストを確認すると、以下のように `dedicatedCpuPlacement: true` という設定が追加されているのがわかります。確認したら VirtualMachine を作成します。

第5章 リソース制御と管理

```
...
    spec:
      domain:
        cpu:
          cores: 1
          dedicatedCpuPlacement: true ## CPU ピニング設定
          sockets: 1
          threads: 1
...
```

■ CPU ピニングの確認

作成した仮想マシンで CPU ピニングが有効になっているかは、Virt launcher Pod のターミナル上で virsh コマンドを実行することで確認できます。oc get pod を実行し、Virt launcher Pod の名前を確認した上で以下のコマンドを実行します。

```
## リモートシェルの実行
$ oc rsh $POD_NAME

## ドメイン名の確認
sh-5.1$ virsh list
Authorization not available. Check if polkit service is running or see debug message
for more information.
 Id    Name                                State

 -------------------------------------------------
 1     test-resources_fedora-cpu-pinning   running

## vCPU 設定の確認
sh-5.1$ virsh vcpuinfo test-resources_fedora-cpu-pinning
Authorization not available. Check if polkit service is running or see debug message
for more information.
VCPU:           0
CPU:            48
State:          running
CPU time:       16.3s
CPU Affinity:   -------------------------------------------------y-------------------
-------------------------
```

virsh vcpuinfo コマンドを実行し、表示された CPU Affinity では、この仮想マシンの vCPU がどの

●5-2 コンピュートリソースの設定

pCPU で実行可能であるかを表しています。ここでは「y」と表示されている箇所が 1 つだけであるため、vCPU が特定の pCPU だけにスケジュール可能であることがわかります。これで CPU ピニングが仮想マシンに設定されていることを確認できました。

5-2-2 Huge Page

Linux では Memory をページと呼ばれる単位で管理しており、Memory の仮想アドレスから物理アドレスへのマッピングを、ページテーブルとして管理しています。1 ページあたりの容量は 4Ki です。そのため、1Mi の Memory は 256 ページ、1Gi は 262144 ページに相当し、Memory の容量が増えれば管理するページ数も比例して大きくなります。

Huge Page はデフォルトの 4Ki のページサイズではなく、より大きなページサイズを使い Memory を管理する仕組みのことです。ページサイズが大きくなることで管理すべきページ数が少なくなり、仮想アドレスから物理アドレスへ変換する際のキャッシュミスの減少や、Memory 管理のオーバーヘッドを減らすことができます。一般に、Huge Page では、2Mi もしくは 1Gi のページサイズが利用されます。

■ Huge Page の有効化とメモリ割り当て

OpenShift で Huge Page を有効化する場合、ノード上で Huge Page として割り当てることができるメモリ容量をあらかじめ確保し、それを Pod や VirtualMachine に割り当てます。ノードに対して設定を行うには Tuned カスタムリソースを作成します。

```
apiVersion: tuned.openshift.io/v1
kind: Tuned
metadata:
  name: hugepages
  namespace: openshift-cluster-node-tuning-operator
spec:
  profile:
    - data: |
        [main]
        summary=Boot time configuration for hugepages
        include=openshift-node
        [bootloader]
        cmdline_openshift_node_hugepages=hugepagesz=2M hugepages=4096 ## HugePage 設定
      name: openshift-node-hugepages
...
```

171

第 5 章 リソース制御と管理

.spec.profile の中で確保したい Huge Page のページサイズ、およびページ数を設定します。ここでは 2Mi の Huge Page を 4096 ページ分確保する設定を行っています。以下のコマンドを実行し Tuned リソースを作成しましょう。

```
## Tuned リソースの作成
$ oc apply -f tuned.yaml
```

Tuned リソースを作成するとノードが再起動され、設定が反映されます。再起動が完了したら oc describe node コマンドを実行し、Huge Page が確保されているか確認します。

```
## 割り当て可能なリソースとして Huge Page が設定されていることを確認
$ oc describe node $NODE_NAME | grep -A 9 "Allocatable:"
Allocatable:
  cpu:                            95500m
  devices.kubevirt.io/kvm:        1k
  devices.kubevirt.io/tun:        1k
  devices.kubevirt.io/vhost-net:  1k
  ephemeral-storage:              114345831029
  hugepages-1Gi:                  0
  hugepages-2Mi:                  8Gi  ## 該当のページサイズで割り当て可能な Memory
  memory:                         188132056Ki
  pods:                           250
```

8Gi 分の Memory を Huge Page として確保することができました。

■ VirtualMachine への Memory の設定

確保した Huge Page を仮想マシンに設定します。「Virtualization」メニューの Template から「Fedora VM」を選択し、設定のカスタマイズを行います。「YAML」タブから以下のようにマニフェストを編集し、全体の Memory 要求量とページサイズを指定してください。設定が完了したら VirtualMachine を起動します。

172

●5-2 コンピュートリソースの設定

```
...
    domain:
      memory:
        guest: 4Gi  ## VirtualMachine 全体での Memory 容量
          hugepages:
            pageSize: 2Mi  ## HugePage のページサイズ
...
```

最後に Virt launcher Pod に設定されたリソースの値を見てみましょう。Virt launcher Pod の名前を確認し、以下のコマンドを実行して requests に設定された値を確認します。

```
$ oc describe pod $POD_NAME | grep -A 7 "Requests:"
    Requests:
      cpu:                        100m
      devices.kubevirt.io/kvm:    1
      devices.kubevirt.io/tun:    1
      devices.kubevirt.io/vhost-net:  1
      ephemeral-storage:          50M
      hugepages-2Mi:              4Gi
      memory:                     262144001
```

仮想マシンのリソースとして、Huge Page を設定できました。

5-2-3 Kernel Samepage Merging (KSM)

Kernel Samepage Merging（KSM）は、同じ仮想基盤上で動作する仮想マシンが利用する Memory のうち、内容が同じページを 1 つの物理ページとしてまとめる機能です。ページの重複を避けることで、リソースの利用効率を高められます。

KSM が有効化されると Memory のスキャンが実施され、同一のページが発見された場合にマージを行います。マージされたページに新たに変更が行われる場合は、元のページから新たなページがコピーされ、そちらに対し変更が加えられます。この仕組みを Copy on Write と呼びます。

173

第 5 章 リソース制御と管理

■ KSM の有効化

OpenShift Virtualization ではノードの Memory が高負荷になった場合にのみ KSM によるページマージが行われます。ページマージのため Memory のスキャンを定常的に実施すると、CPU 負荷の高騰につながるため、タイミングを限定することで CPU 負荷を軽減しています。

OpenShift Virtualization で KSM を有効化する場合、HyperConverged リソースに対し以下の変更を行います。

```
## HyperConverged の編集
$ oc edit hyperconverged kubevirt-hyperconverged -n openshift-cnv

## 以下のとおり変更
apiVersion: hco.kubevirt.io/v1beta1
kind: HyperConverged
...
spec:
  configuration:
    ksmConfiguration: ## 追加
      nodeLabelSelector: []
...
```

nodeLabelSelector でノードの指定をしない場合、クラスタ内のすべてのノードで KSM が有効化されます。このとき、対象のノードには、kubevirt.io/ksm-enabled=true というラベルが追加されます。

174

● 5-3 Storage の設定

5-3　Storage の設定

　仮想マシンを実行するためには OS のディスクイメージを含むボリュームが必要です。これまでの章で見てきたとおり、OpenShift Virtualization では PV/PVC を作成し、仮想マシンを実行するために必要なボリュームを準備しました。

　OpenShift Virtualization では、これまで見てきた方式以外に、複数のボリューム作成方法をサポートしています。本節ではそれらの方法を解説し、仮想マシンを実行する際に適切な使い分けができることを目指します。

5-3-1　仮想マシンのディスク設定

　仮想マシンがアタッチされたボリュームをどのように認識するかは、ディスクの設定により変わります。まずは VirtualMachine のマニフェストの中で該当する設定箇所を確認します。

```
apiVersion: kubevirt.io/v1
kind: VirtualMachine
...
  spec:
    domain:
      devices:
        disks: ## ①
          - disk: ## ②
              bus: virtio ## ③
            name: rootdisk ## ④
          - disk: ## ②
              bus: virtio ## ③
            name: cloudinitdisk ## ④
...
```

①：仮想マシンにアタッチするディスクに関する設定箇所

②：ディスク種別

③：バス種別

④：ディスク名

devices 以下の disks に、「rootdisk」、「cloudinitdisk」という名前のディスクが設定されている

175

第 5 章 リソース制御と管理

のがわかります。「rootdisk」には OS のディスクイメージが含まれており、仮想マシン起動後にルートボリュームとして動作します。「cloudinitdisk」には「4-1-6 Script」で確認した cloud-init のスクリプトが含まれ、ルートボリュームと同様に仮想マシンにアタッチされます。

またそれぞれのディスクでは bus として「virtio」が使われていることがわかります。bus の設定値は、仮想マシンがストレージドライバとして何を利用するかを表しています。

VirtualMachine の disks の設定には、複数のディスク種別と、ディスクを接続するためのバス種別の組み合わせがあり、それによってゲスト OS にどのようにボリュームが認識されるかが決まります。

それぞれ設定可能な値の一覧は、Table 5-1 と Table 5-2 のとおりです。

Table 5-1　ディスク種別

種別	設定値	概要
ディスク	disk	ボリュームを汎用的なディスクとして仮想マシンにアタッチ
CD-ROM	cdrom	ボリュームを CR-ROM として仮想マシンにアタッチ。デフォルトでは Read only（変更可）
LUN	lun	ボリュームを LUN デバイスとして仮想マシンにアタッチ。仮想マシンから SCSI コマンドパススルーを可能とする
ファイルシステム	filesystems	ボリュームをファイルシステムとして仮想マシンにアタッチ。virtiofs を利用し複数の仮想マシンからアクセス可能な共有ボリュームを設定可能。利用時はライブマイグレーションができなくなる

Table 5-2　バス種別

種別	設定値	概要
VirtIO	virtio	準仮想化ストレージデバイスの virtio-blk を利用。多くの Linux ディストリビューションで利用することができ、IO パフォーマンスが高い
SCSI	scsi	準仮想化ストレージデバイスの virtio-scsi を利用。virtio-blk と同等の IO パフォーマンスを提供。アタッチ可能なディスク数の上限数が大きい
SATA	sata	SATA デバイスとしてディスクを接続。多くのゲスト OS で利用可能だが IO パフォーマンスは低い

ディスクとバスの組み合わせとして、汎用的なディスクと VirtIO の組み合わせが最も広く利用されます。CD-ROM を接続する際はバスとして SATA を利用したり、実行中の仮想マシンにディスクを追加（ホットプラグ）する場合には、追加可能なディスクの上限数が大きい SCSI を利用します。また Windows などのゲスト OS では、VirtIO ドライバがデフォルトで提供されないため、利用するためには追加でドライバをインストールする必要があります。

仮想マシンによって適切なディスクとバスの組み合わせは異なるため、それぞれの要件に合わせて設定を行ってください。

● 5-3 Storage の設定

5-3-2　ボリューム設定

　仮想マシンのディスク設定に対し、実態のストレージとして何を接続するかは VirtualMachine のボリューム設定により決まります。マニフェストからボリュームに関する設定箇所を確認します。

```
apiVersion: kubevirt.io/v1
kind: VirtualMachine
...
    spec:
      volumes: ## ①
        - containerDisk: ## ②
            image: 'quay.io/containerdisks/fedora:40' ## ③
          name: rootdisk ## ④
        - cloudInitNoCloud: ## ②
            userData: |-  ## ③
              #cloud-config
              user: fedora
              password: fedora
              chpasswd: { expire: False }
          name: cloudinitdisk ## ④
...
```

①：ボリュームに関する設定箇所
②：ボリューム種別
③：ボリューム種別ごとの設定
④：ボリューム名

　.spec.volumes 以下にそれぞれ containerDisk と、cloudInitNoCloud という 2 種類の異なるボリューム種別が設定されています。それぞれのボリューム名を見ると、ディスク設定で確認したディスク名と対応しているのがわかります。

　ディスク設定においては両方とも汎用ディスクとして、VirtIO バスを通じた接続が行われていましたが、対応するボリューム種別は異なっており、それぞれ違う役割を果たしています。

177

第 5 章　リソース制御と管理

5-3-3　ボリューム種別

○ containerDisk

containerDisk では、イメージレジストリから取得したコンテナを、仮想マシンのボリュームとしてアタッチします。このコンテナは一般にアプリケーションを実行するために用いられるコンテナとは異なり、OS のディスクイメージのみが含まれています。例として、Fedora のディスクイメージを元に、containerDisk として起動可能なコンテナをビルドするには、以下のような Dockerfile を作成します。

```
FROM scratch
COPY --chown=107:107 fedora40.qcow2 /disk/
```

ベースイメージを使わずスクラッチでコンテナを作成し、特定の UID:GID でディスクイメージを/disk/ディレクトリにコピーします。

containerDisk としてディスクイメージをアタッチする場合、仮想マシン 起動後に加えた変更は永続しません。そのため、一時的な利用やジョブ実行など、データの永続性が求められないユースケースに適しています。

○ cloudInitNoCloud

cloudInitNoCloud では仮想マシン起動時に適用する cloud-init スクリプトを記載しています。第 4 章で確認したとおり、こちらのスクリプトで仮想マシンの起動時に設定を行うことが可能です。

■ ボリューム種別の一覧

ボリューム種別の一覧は Table 5-3 のとおりです。個々のボリューム種別の具体的な設定方法については、KubeVirt の公式ドキュメント[6]を参照してください。

＊6　https://kubevirt.io/user-guide/storage/disks_and_volumes/

● 5-3 Storage の設定

Table 5-3　ボリューム種別

種別	設定値	概要
cloud-init NoCloud	cloudInitNoCloud	cloud-init スクリプトをボリュームとして仮想マシンにアタッチする
cloud-init Config Drive	cloudInitConfigDrive	OpenStack の Config Drive 形式をサポートする cloud-init スクリプトをボリュームとして仮想マシンにアタッチする
PVC	persistentVolumeClaim	作成済みの PVC をボリュームとして仮想マシンにアタッチする。デフォルトでは Thin Provisioning が適用されるが、PVC のアノテーション設定で Thick Provisioning も可能
Data Volume	dataVolume	CDI Operator のカスタムリソースである DataVolume を設定する。仮想マシンの起動前に、DataVolume の設定内容に応じたボリュームを作成し、仮想マシンにアタッチする
Ephemeral	ephemeral	指定した PVC を元に一時ボリュームを作成する。仮想マシンからの書き込みは元の PVC には反映されず、ホストのローカルストレージに保存される。仮想マシンを停止するとボリュームは削除される
Container Disk	containerDisk	OS のディスクイメージを含むコンテナをボリュームとしてアタッチする。Ephemeral と同様にボリュームへの変更は永続せず、仮想マシンを停止すると変更した内容は失われる
Empty Disk	emptyDisk	仮想マシンを起動してから削除するまで利用可能な空の一時ボリュームを作成する。仮想マシンを削除するとボリュームの内容は失われる。Ephemeral な仮想マシンを実行する際の作業用ボリュームとして利用する
Host Disk	hostDisk	ホストに配置したディスクイメージをボリュームとして仮想マシンにアタッチする‡
ConfigMap	configMap	ConfigMap をディスク、もしくはファイルシステムとして仮想マシンにアタッチする
Secret	secret	Secret をディスク、もしくはファイルシステムとして仮想マシンにアタッチする
ServiceAccount	serviceAccount	指定した ServiceAccount に紐づく、ServiceAccount Token、Namespace、証明書の情報をディスク、もしくはファイルシステムとして仮想マシンにアタッチする
Downward Metrics	downwardMetrics	仮想マシン、およびホストのメトリクス情報をディスクとして仮想マシンにアタッチする。ディスク以外に Virtio-serial port を通じて公開することが可能

‡OpenShift Virtualization では利用不可

179

第 5 章　リソース制御と管理

5-3-4　CDI Operator と DataVolume

複数あるボリューム種別の中で、特に利用頻度が高いのが DataVolume です。DataVolume は CDI Operator が提供するカスタムリソースであり、こちらを定義することでさまざまなソースから OS のディスクイメージを取得し、仮想マシン起動時のボリュームとして利用することが可能です。OpenShift Virtualization では DataVolume のソースとして以下を利用することができます。

- クラスタ内の既存 PVC からコピー
- VolumeSnapshot からコピー
- 作業端末からアップロード
- Web URL からダウンロード
- コンテナレジストリからダウンロード
- DataSource リソース
- ブランク（空ボリュームの作成）

■ DataVolume の設定

OpenShift コンソールから仮想マシンを作成し、DataVolume の設定を行いましょう。「Virtualization」メニューの Template から「Fedora VM」を選択し、Disk source をデフォルトの「Template default」から「URL (creates PVC)」に変更します。「Image URL」には、ディスクの取得元として、Fedora の公式サイト（https://fedoraproject.org/ja/cloud/download）からダウンロードできる QCOW2 ファイルのリンクを指定します。

その他の項目は変更せずに仮想マシンを起動します（Figure 5-4）。

Figure 5-4　Disk source 設定

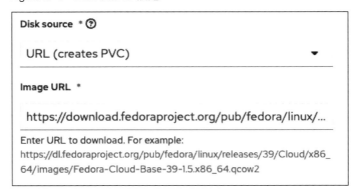

● 5-3 Storage の設定

　指定した URL からディスクイメージを取得し仮想マシンを起動する場合、まずディスクイメージをダウンロードするために Data Importer Pod と呼ばれる Pod が起動します。Data Importer Pod は URL からディスクイメージのダウンロードを行い、それをアタッチした PV に保存します。ダウンロードが完了すると Data Importer Pod は終了し、ディスクイメージを含む PV だけが残ります。今度はそれを Virt launcher Pod にアタッチすることで、ダウンロードしてきたディスクイメージを元に仮想マシンの OS を起動します（Figure 5-5）。

Figure 5-5　ディスクイメージのダウンロード

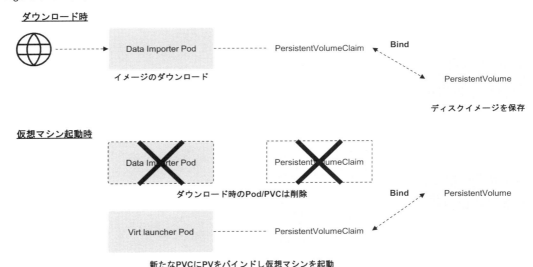

　DataVolume で URL 以外のソースを選択する場合、それぞれディスクイメージを準備する過程は異なりますが、最終的にそれが PV に保存され、仮想マシンにアタッチ可能な状態として準備される点は共通しています。選択するソースによっては、ディスクイメージが gzip や xz で圧縮されていても対応が可能です。サポートするコンテンツタイプの詳細については、ドキュメント[7]を参照してください。

■ マニフェストの確認

　VirtualMachine のマニフェストから DataVolume の設定箇所を確認します。

＊7　https://docs.redhat.com/ja/documentation/openshift_container_platform/4.16/html-single/virtualization/index#virt-cdi-supported-operations-matrix_virt-preparing-cdi-scratch-space

181

第 5 章 リソース制御と管理

```
apiVersion: kubevirt.io/v1
kind: VirtualMachine
metadata:
  name: fedora-cdi-test
...
spec:
  dataVolumeTemplates: ## ①
    - apiVersion: cdi.kubevirt.io/v1beta1 ## ②
      kind: DataVolume
      metadata:
        name: fedora-cdi-test ## ③
      spec:
        source: ## ④
          http:
            url: 'https://download.fedoraproject.org/pub/fedora/linux/releases/40
/Cloud/x86_64/images/Fedora-Cloud-Base-Generic.x86_64-40-1.14.qcow2'
        storage: ## ⑤
          resources:
            requests:
              storage: 30Gi
...
      volumes:
        - dataVolume: ## ⑥
            name: fedora-cdi-test ## ③
          name: rootdisk
...
```

①：VirtualMachine リソースにおける DataVolume の記載箇所

②：DataVolume リソース定義

③：DataVolume 名

④：ソース指定

⑤：保存先ストレージ指定

⑥：VirtualMachine のボリューム設定

DataVolume を VirtualMachine のボリュームとして設定する場合、.spec.dataVolumeTemplates 以下
に DataVolume のリソース定義を記載します。こちらには複数の DataVolume を記載することができる
ため、OS 起動のためのディスクイメージを準備すると同時に、別の DataVolume で空のボリュームを
用意するといったことも可能です。

182

●5-3 Storage の設定

　DataVolume 内の .spec.source には OpenShift コンソールで設定した URL が、.spec.storage にはそれを保存するストレージの情報がそれぞれ記載されます。また、ここで設定された DataVolume の名称が、VirtualMachine のボリューム設定における名称と一致する必要があります。

　ここまでの内容で、CDI Operator と DataVolume によって、仮想マシンのディスクイメージの準備方法を確認できました。DataVolume を使いこなすことは、OpenShift Virtualization を利用する上で重要なポイントです。ぜひさまざまなパターンで操作を試してみてください。

 Column　DataSource リソース

　DataVolume では .spec.sourceRef として、DataSource と呼ばれる別のリソースを参照できます。DataSource は、仮想化基盤の中で共通に利用する OS のゴールデンイメージを管理するためのリソースです。OpenShift Virtualization では、Red Hat がデフォルトで提供する DataSource を利用できます。また、仮想基盤の利用者が個々のプロジェクトの中で独自の DataSource を作成し、利用することも可能です。

　たとえば、DataVolume を使い仮想マシンを起動しようとする場合、毎回 OS の提供元のサイトからディスクイメージをダウンロードしたり、手元の端末からアップロードするのは非効率です。そのため一度ディスクイメージを取得し、PVC として利用できるようになったら、それを共通利用可能な DataSource として管理することが望ましいです。

　DataSource は DataVolume のマニフェストと記載方法が似ていますが、ソースとしてクラスタ内の既存の PVC、および VolumeSnapshot のみ指定することができます。そのため、外部の URL からディスクイメージを取得する場合などでは、まず DataVolume を作成し、得られた PVC やスナップショットを元に DataSource を作成する手順を取るとよいでしょう。

```
apiVersion: cdi.kubevirt.io/v1beta1
kind: DataSource
metadata:
  name: fedora-datasource
  namespace: test-resources
spec:
  source:
    pvc:
      name: fedora-cdi-test
      namespace: test-resources
```

　OpenShift コンソールでは、「**Virtualization**」メニューの［Bootable volumes］より、DataVolume と DataSource の作成をまとめて実施できるため、こちらも活用してみてください。

183

第 5 章　リソース制御と管理

5-4　Network の設定

OpenShift Virtualization で作成した仮想マシンには、クラスタ上にデフォルトで作成される Pod ネットワークを介してアクセスできます。また、「4-2-5 仮想マシンをインターネットに公開」で確認したように、Service や Route といったリソースを作成することで、仮想マシンで実行中のアプリケーションをクラスタの外部に公開することが可能です。

こうしたコンテナ基盤が提供するネットワークの仕組みを利用することができるのは、OpenShift Virtualization の大きなメリットです。その一方で、従来の仮想基盤の運用と同様、仮想マシンに対し単一の NIC を設定するのではなく複数の NIC を設定したり、用途ごとに利用するネットワークを分け、柔軟な仮想マシンのネットワーク管理を実現したいというニーズも存在します。

OpenShift Virtualization では、ネットワークに関わる複数のリソース作成を通じて、柔軟な仮想マシンのネットワークを構築できます。本節では仮想マシンのネットワーク設定について理解するとともに、追加のネットワークを作成して、仮想マシンにアタッチし、通信が可能であることを確認します。

5-4-1　仮想マシンのインターフェース設定

仮想マシンがネットワークに接続する方法は、仮想マシンのインターフェース設定によって決まります。OpenShift Virtualization では、仮想マシンから見たときのネットワーク設定をフロントエンドと呼び、接続する対象のネットワークの設定をバックエンドと呼びます。これらの組み合わせにより、仮想マシンがどのネットワークに、どのように接続するかが決まります。

■ フロントエンドの設定

VirtualMachine マニフェストの中でフロントエンドにあたる、インターフェース設定を確認します。

```
apiVersion: kubevirt.io/v1
kind: VirtualMachine
...
  spec:
    domain:
      devices:
        interfaces: ## ①
          - macAddress: '02:27:33:00:00:07' ## ②
            masquerade: {} ## ③
```

184

● 5-4 Network の設定

```
            model: virtio ## ④
            name: default ## ⑤
    ...
```

①：仮想マシンのネットワークインターフェース設定

②：インターフェースの MAC アドレス

③：インターフェース種別

④：ネットワークドライバ

⑤：ネットワーク名（インターフェース名）

devices 以下の interfaces に、「default」という名前の設定が確認できます。これがこの VirtualMachine におけるインターフェースの名称であり、同時にバックエンドの「default」ネットワークに接続するための設定であることを表しています。「macAddress」には名前のとおり、このインターフェースに割り振られた MAC アドレスが設定されます。また、接続する際のネットワークドライバとして「virtio」が選択されています。

■ インターフェース種別

インターフェース設定において特に重要な項目がインターフェース種別です。上記の例では masquerade が設定されています。この設定は、仮想マシンが、Virt launcher Pod を介してどのようにネットワークに接続されているかを表しており、masquerade が設定される場合、仮想マシンの IP アドレスは Pod の IP アドレスに NAT 変換されて外部との通信を行います。

仮想マシンから外へ向かうアウトバウンド通信では SNAT が行われ、ソースの IP アドレスが Pod IP に置き換わります。反対に仮想マシンに向けたインバウンド通信では Pod IP に向けた通信の宛先を仮想マシンの IP に置き換えます（Figure 5-6）。

185

第 5 章　リソース制御と管理

Figure 5-6　IP マスカレードによる仮想マシンの接続

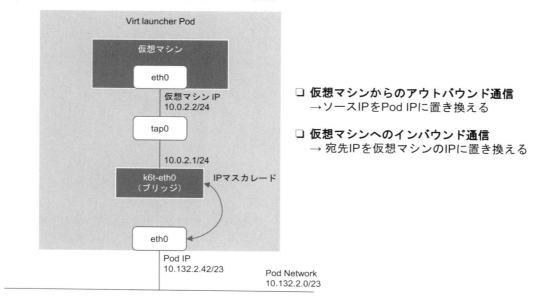

OpenShift Virtualization では、仮想マシンを Pod ネットワークにつなぐためのデフォルトのインターフェース種別として、`masquerade` が選択されます。`masquerade` の利点は仮想マシン内部の設定として、常に同じ IP アドレスを利用できる点です。たとえば、仮想マシンのライブマイグレーションや、再起動などの操作では、Virt launcher Pod が再作成されるため、毎回異なる Pod IP が新たに設定されますが、仮想マシンとしては Pod の IP 変更の影響を受けることなく、常に同じ IP アドレス（デフォルトでは 10.0.2.2/24）を利用できます。

仮想マシンに設定可能なインターフェース種別の一覧は Table 5-4 のとおりです。接続するバックエンドのネットワークに合わせ適切なインターフェースを選択してください。

Table 5-4　インターフェース種別

種別	設定値	概要
IP マスカレード	masquerade	IP マスカレードを行い Pod の IP を介してネットワークに接続する
Bridge	bridge	Linux bridge を通じて仮想マシンをネットワークに接続する
SR-IOV	sriov	パススルーされた SR-IOV PCI デバイスを仮想マシンにアタッチし、ネットワークに接続する

● 5-4 Network の設定

Column　Kubemacpool による MAC アドレスの管理

　OpenShift Virtualization では、Pod や仮想マシンに払い出す MAC アドレスの管理を Kubemacpool というコンポーネントで管理しており、NIC の MAC アドレスが重複することを防いでいます。
　Kubemacpool は Kubernetes の Network Plumbing Working Group で開発、管理されているソフトウェアです。ユーザは、任意の MAC アドレスを設定したい場合を除いて、仮想マシンを作成する際に MAC アドレスを意識する必要はなく Kubemacpool に管理を任せることができます。

○ Kubemacpool
https://github.com/K8sNetworkPlumbingWG/kubemacpool

5-4-2　ネットワーク設定

　仮想マシンをネットワークに接続するには、バックエンドの設定を行います。VirtualMachine マニフェストの中で該当する設定箇所を確認しましょう。

```
apiVersion: kubevirt.io/v1
kind: VirtualMachine
...
    spec:
      networks: ## ①
        - name: default ## ②
          pod: {} ## ③
...
```

①：ネットワーク設定
②：ネットワーク名（インターフェース名）
③：ネットワーク種別

　仮想マシンがデフォルトの Pod ネットワークのみを利用する場合、ネットワーク名とネットワーク種別に関する情報のみが記載されます。このネットワーク名は、仮想マシン側で設定するインターフェース名と一致する必要があり、どのネットワークが、どのインターフェースに対応するか決定し

187

第 5 章 リソース制御と管理

ます。ネットワーク種別である pod は、デフォルトの Pod ネットワークを表しています。

■ ネットワークの追加

仮想マシンを追加のネットワークに接続する場合、ネットワーク種別に multus を設定します。multus とは Kubernetes の CNI（Container Network Interface）プラグインの Multus のことを指します。

Multus は Kubernetes の Network Plumbing Working Group で開発、管理されているオープンソースソフトウェアで、複数の CNI プラグインを呼び出すことができるメタプラグインです。Multus では、NetworkAttachmentDefinition（NAD）と呼ばれるカスタムリソースを通じて追加のネットワークを作成することができ、それをクラスタ内の Pod や仮想マシンに設定することで、複数ネットワークによる通信を可能とします。

VirtualMachine のマニフェストでは、次のように Multus の設定を行います。

```
...
    networks:
      - name: default
        pod: {}
      - name: second-net
        multus: ## ①
          networkName: bridge-network ## ②
...
```

①：ネットワーク種別
②：NAD リソース名

ネットワーク種別として pod の代わりに multus を設定し、networkName には NAD リソースの名前を設定します。次項では OpenShift Virtualization 環境で仮想マシンに適用可能な NAD の設定について確認します。

5-4-3　追加ネットワークの作成

Multus では NAD リソースのパラメータ設定を通じて、さまざまなネットワークプラグインを利用できます。OpenShift Virtualization では、Linux Bridge プラグインおよび OVN-Kubernetes のセカンダリネットワーク（overlay、localnet）を選択できます。それぞれの用途と設定方法を確認しましょう。

● 5-4 Network の設定

■ Linux Bridge プラグイン

Linux Bridge プラグインでは、ノード上で L2 ネットワークを作成し、同じノードで起動する仮想マシン同士の通信を実現します。このとき Bridge をノードの物理 NIC と接続することで、クラスタ外部のネットワークとの通信も可能です。そのため外部のサーバから、固定 IP で仮想マシンと通信を行いたい場合などに利用できます。

○ Bridge プラグインを利用した NAD リソースの設定

Bridge プラグインを利用した NAD リソースの設定例は以下のとおりです。

```
apiVersion: "k8s.cni.cncf.io/v1"
kind: NetworkAttachmentDefinition
metadata:
  name: bridge-network ## ①
  annotations:
    k8s.v1.cni.cncf.io/resourceName: bridge.network.kubevirt.io/br1 ## ②
spec:
  config: '{
    "cniVersion": "0.3.1",
    "name": "bridge-network", ## ①
    "type": "cnv-bridge",  ## ③
    "bridge": "br1", ## ②
    "macspoofchk": false, ## ④
    "vlan": 100, ## ⑤
    "disableContainerInterface": true ## ⑥
  }'
```

①：NAD リソース名（追加ネットワーク名）

②：接続先 Bridge

③：プラグイン種別

④：MAC スプーフフィルタリング設定

⑤：VLAN タグ

⑥：コンテナの veth の State 設定

NAD の .spec.config 以下は JSON 形式で設定を行います。JSON の一部の設定値は .metadata で設定する値と一致している必要があるため、注意してください。

189

第 5 章 リソース制御と管理

　上記の NAD リソースで作成するネットワークに接続する Bridge（ここでは br1）は、ユーザが別途作成する必要があります。OpenShift では NMState Operator という Operator により Bridge の作成を行います。

○ NMState Operator

　NMState Operator とは、Linux の NetworkManager で行うネットワーク設定を、宣言的に管理することができるツールです。NodeNetworkConfigurationPolicy（NNCP）というカスタムリソースの作成を通じて、ノードのネットワーク設定の追加や変更を行うことができます。ノードのネットワーク設定状況は NodeNetworkState というカスタムリソースで確認できます。

　OpenShift において、NMState Operator はクラウドでの利用をサポート対象としておらず、本書で利用している AWS 環境もサポート対象外です。そのため以降の内容については、オンプレミスなど別の環境でネットワーク設定を行う際の参考としてください。

○ NMState Operator のインストール

　NMState Operator は OperatorHub からインストールできます。OpenShift コンソールを開き、OperatorHub の検索ウィンドウに「`nmstate`」と入力し NMState Operator をインストールしましょう（Figure 5-7）。

Figure 5-7　NMState Operator のインストール

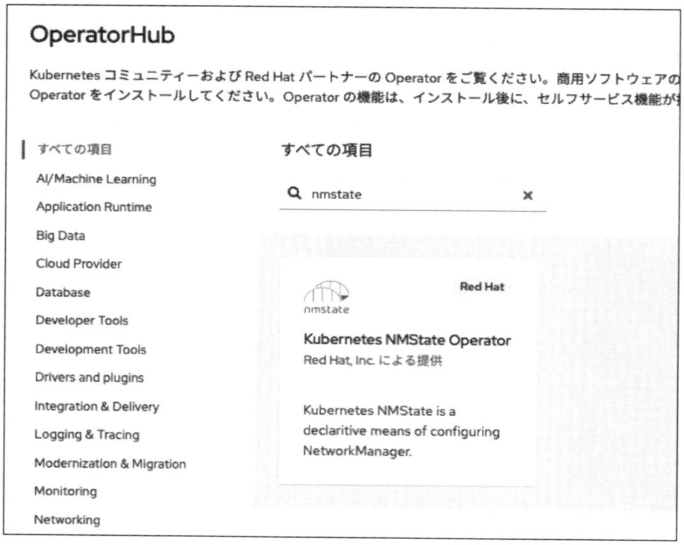

● 5-4 Network の設定

　Operator のインストール後に、コンソールのフォームビューから NMState リソースを作成します。ここでは追加の設定を行わずデフォルト設定のまま作成します。NMState が作成されると NNCP を通じてノードのネットワーク設定を実施できます。

　例として、Figure 5-8 で表す構成を NNCP で実現するケースを考えます。この図ではノードの 2 つ目の NIC（enp2s0）と新たに作成する Bridge（br1）をつなぎ、それを Pod を介して仮想マシンとつなぐことで、外部ネットワークに接続する構成を表しています。これにより、外部ネットワーク上のサーバと、OpenShift Virtualization で起動した仮想マシンが通信できます。

Figure 5-8　NNCP による Bridge の作成

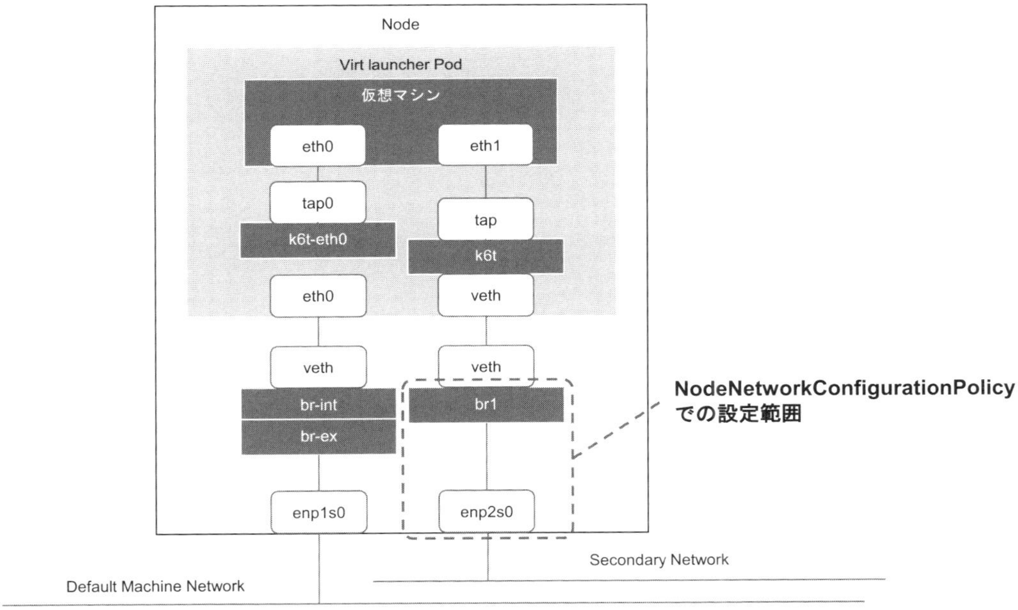

Node

Virt launcher Pod

仮想マシン

eth0　eth1

tap0　tap

k6t-eth0　k6t

eth0　veth

veth　veth

br-int　br1

br-ex

enp1s0　enp2s0

NodeNetworkConfigurationPolicy での設定範囲

Secondary Network

Default Machine Network

○ NNCP の設定

　構成図で示したネットワークを実現する場合、NNCP は以下のように設定します。

```
apiVersion: nmstate.io/v1
kind: NodeNetworkConfigurationPolicy
metadata:
```

第 5 章 リソース制御と管理

```
   name: br1-policy
spec:
  desiredState:
    interfaces:
      - name: br1 ## ①
        state: up ## ②
        type: linux-bridge ## ③
        bridge:
          options:
            stp:
              enabled: false ## ④
            port:
              - name: enp2s0 ## ⑤
```

①：Bridge 名

②：インターフェースの状態

③：作成するインターフェース種別

④：作成する Bridge における STP 設定

⑤：Bridge をアタッチするノードの NIC

　NNCP の内容に応じてノードのネットワーク設定が行われます。Bridge が作成され、ノードの物理
NIC と接続されます。

■ OVN-Kubernetes セカンダリネットワーク（localnet）

　Linux Bridge と同じ用途で利用することができるのが、OVN-Kubernetes の localnet です。Linux Bridge
と同様に、NAD の設定を通じたノード内での L2 ネットワークの作成、および NNCP との併用による
外部ネットワークへのアクセスが可能です。

　Linux Bridge との違いとして、OVN-Kubernetes の localnet では MultiNetworkPolicy を適用することが
できます。MultiNetworkPolicy とは、デフォルトネットワークにおける Network Policy と同様に、追加
ネットワークの通信を制限するための機能です。ネットワークトラフィックを制御するためのルール
を定義し、特定の仮想マシン間の通信や、異なるプロジェクト間の通信を管理します。セキュリティを
強化するため、仮想マシンの通信を限定したい場合、Linux Bridge ではなく OVN-Kubernetes の localnet
を検討してください。MultiNetworkPolicy の設定例を確認します。

192

● 5-4 Network の設定

```
apiVersion: k8s.cni.cncf.io/v1beta1
kind: MultiNetworkPolicy
metadata:
  name: second-network-policy
  annotations:
    k8s.v1.cni.cncf.io/policy-for: test-resources/ovn-localnet ## ①
spec:
  podSelector: {}
  policyTypes:
    - Ingress
  ingress: ## ②
    - from:
        - ipBlock:
            cidr: 10.10.0.0/16
            except: []
      ports:
        - protocol: TCP
          port: 443
```

①：対象とするネットワーク（NAD）
②：Ingress 通信の許可設定

○ MultiNetworkPolicy の有効化

OpenShift のデフォルト設定では MultiNetworkPolicy は有効化されていません。有効化する場合は、以下のコマンドを実行してください。

```
$ oc patch network.operator.openshift.io cluster --type merge \
--patch '{"spec":{"useMultiNetworkPolicy":true}}'
```

MultiNetworkPolicy の利用方法についての詳細は、公式ドキュメント[8]を確認してください。

＊8　https://docs.redhat.com/ja/documentation/openshift_container_platform/4.16/html-single/
networking/index#configuring-multi-network-policy

第 5 章 リソース制御と管理

○ localnet を利用する場合の NAD リソースの設定

OVN-Kubernetes の localnet を利用する場合の NAD リソース設定例は以下のとおりです。

```
apiVersion: "k8s.cni.cncf.io/v1"
kind: NetworkAttachmentDefinition
metadata:
  name: ovn-localnet ## ①
spec:
  config: '{
    "cniVersion": "0.3.1",
    "name": "ovn-localnet", ## ①
    "type": "ovn-k8s-cni-overlay", ## ②
    "topology": "localnet", ## ③
    "netAttachDefName": "test-resources/ovn-localnet", ## ④
    "vlanID": 100 ## ⑤
  }'
```

①：追加ネットワーク名

②：プラグイン種別

③：OVN-Kubernetes の localnet 設定

④：NAD リソース情報

⑤：VLAN タグ

OVN-Kubernetes の localnet では Linux Bridge プラグインと同様に VLAN タグの設定が可能です。一方で、Linux Bridge では、NAD リソースの中で、接続する Bridge を設定しましたが、OVN-Kubernetes の localnet では Bridge の設定は行いません。

○ Bridge との接続

OVN-Kubernetes localnet で新たに作成されたネットワークは、NNCP の設定によって、Bridge との接続を行います。たとえば、OpenShift クラスタ構築時にデフォルトで作成される Open vSwitch の Bridge（br-ex）に接続する場合、Figure 5-9 のような構成を取ります。

これによりノードのデフォルト物理 NIC を通じて仮想マシンが外部ネットワーク上のサーバと通信できます。

Figure 5-9　Bridge マッピングによる localnet 接続

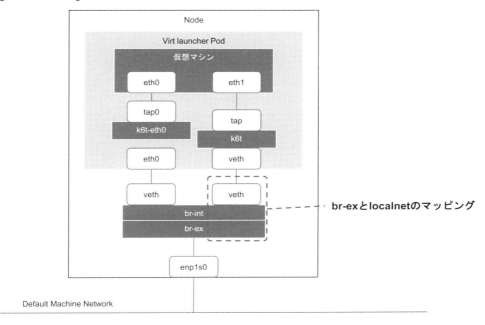

これを実現する NNCP の設定は以下のとおりです。

```
apiVersion: nmstate.io/v1
kind: NodeNetworkConfigurationPolicy
metadata:
  name: localnet-mapping-policy
spec:
  desiredState:
    ovn:
      bridge-mappings: ## ①
      - localnet: ovn-localnet ## ②
        bridge: br-ex ## ③
        state: present ## ④
```

①：Bridge マッピング設定
②：NAD で作成した接続対象のネットワーク
③：接続先 Bridge

第 5 章　リソース制御と管理

④：Bridge 接続の状態

この NNCP では新規の Bridge 作成は行わず、既存 Bridge と localnet の接続のみを行っています。NNCP ではこれ以外にも Open vSwitch による新規 Bridge の作成や、複数の物理 NIC を束ねるリンクアグリゲーション[*9]を設定できます。

■ OVN-Kubernetes セカンダリネットワーク（overlay）

OVN-Kubernetes の overlay は、これまでの Linux Bridge、localnet と異なりノード外部のネットワークへの接続は行いません。その代わり、クラスタ内の異なるノードで起動した仮想マシン同士を結ぶ L2 ネットワークを作成します。そのため、クラスタ内で固定 IP を使って仮想マシン間の通信を設定したい場合などに利用します。

OVN-Kubernetes の overlay を利用する場合の構成図を確認しましょう（Figure 5-10）。

Figure 5-10　overlay ネットワークによる接続

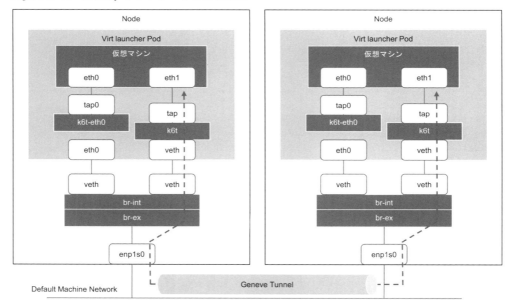

ノードのネットワークを構成する要素は localnet の場合と変わりませんが、ノード間の通信は OVN-Kubernetes のオーバーレイネットワークである Geneve トンネルを通ります。これにより、異

---

*9　https://docs.redhat.com/ja/documentation/openshift_container_platform/4.16/html-single/networking/index#kubernetes-nmstate

● 5-4 Network の設定

なるノード上で起動する仮想マシンであっても、あたかも同じ L2 ネットワーク上にいるかのように通信が可能です。

○ overlay を利用する場合の NAD リソース設定

OVN-Kubernetes の overlay を利用する場合の NAD リソース設定は以下のとおりです。

```
apiVersion: "k8s.cni.cncf.io/v1"
kind: NetworkAttachmentDefinition
metadata:
  name: ovn-overlay
spec:
  config: '{
    "cniVersion": "0.3.1",
    "name": "ovn-overlay",
    "type": "ovn-k8s-cni-overlay",
    "topology": "layer2",
    "netAttachDefName": "test-resources/ovn-overlay"
  }'
```

設定項目については localnet と同じです。「topology」の設定値が「layer2」となる他、overlay では外部ネットワークと接続しないため VLAN タグは設定しません。

Linux Bridge や localnet では外部ネットワークと接続するため NNCP を作成しましたが、overlay ネットワークに関しては NNCP を作成することなく、NAD の作成のみで利用可能です。

Column　NAD のスコープ

　Kubernetes のリソースには Namespace ごとに管理される Namespace スコープのリソースと、クラスタ全体で管理される Cluster スコープのリソースが存在します。追加ネットワークを管理する NAD は Namespace スコープのリソースとなっており、個別の Namespace ごとにリソースの作成、管理を行います。

　しかし、例外的に「default」Namespace で作成された NAD に関しては他の Namespace から参照、利用することが可能です。OpenShift Virtualization を利用する場合、クラスタ全体で共通的に利用する追加ネットワークを設定し、仮想マシンにアタッチしたい場合は、「default」Namespace で NAD を作成するとよいでしょう。

第 5 章 リソース制御と管理

5-4-4 仮想マシンの IP アドレス設定

NAD で作成したネットワークに仮想マシンを接続し、IP アドレスを設定するには、cloud-init スクリプトが利用できます。

cloud-init ではパッケージのインストールやパスワード設定を行う userData の他に、ネットワークに関わる設定を行う networkData という設定項目があります。ここに仮想マシンの NIC 名、IP アドレスを設定することで、仮想マシンの起動時にネットワーク設定を反映できます。

```
...
      - cloudInitNoCloud:
          networkData: | ## ①
            ethernets:
              eth1: ## ②
                addresses:
                  - 10.10.10.101/24 ## ③
            version: 2
          userData: |-
            #cloud-config
            user: cloud-user
            password: openshift
            chpasswd: { expire: false }
        name: cloudinitdisk
...
```

①：cloud-init のネットワーク設定

②：仮想マシンの NIC 名

③：IP アドレス

追加ネットワークを設定する場合、NIC に設定する番号を適宜インクリメントして cloud-init の設定を行ってください。

OpenShift Virtualization における仮想マシンのネットワーク設定は、さまざまなリソースを操作するため一見複雑に感じられますが、NAD や NNCP といったリソースの役割や設定方法を理解することで、柔軟にネットワークを構築することができます。本節で扱った内容を参考に、さまざまなネットワーク構成を試してみてください。

5-5 まとめ

本章では、OpenShift Virtualization におけるさまざまなリソースの設定方法について紹介しました。

仮想マシンの利用に際しては、CPU/Memory、ストレージ、ネットワークなど、リソースごとに多種多様な要件に対応することが求められます。本章で見てきたとおり、OpenShift Virtualization では Kubernetes の仕組みを利用して、柔軟に仮想マシンをカスタマイズできます。

次章ではより実践的な例として、複数の仮想マシンを利用し、アプリケーションを実行する方法を紹介します。

本章で作成したリソースを削除する場合、以下を実行してください。

```
$ oc delete project test-resources
```

また、HyperConverged などのカスタムリソース設定を変更している場合、デフォルトの設定に戻してから次章に進んでください。

第 5 章 リソース制御と管理

第6章
アプリケーションの実行と公開

　本章ではこれまで学んできた内容の応用として、OpenShift Virtualization で作成した仮想マシン上でアプリケーションを実行し、外部公開を行います。アプリケーションの実行を通じて、仮想マシンの設定に必要な手順を確認することで、これまで得た知識を実践の場で活かす方法を、具体的な実装を通じて理解します。

　また、後半では仮想マシンに対する一連の操作を GitOps により自動化する方法を紹介します。コンテナの運用で培われたプラクティスが、仮想マシンに対しても適用できることを確認します。

6-1 アプリケーションの実行

本章では、簡単な CRUD（Create/Read/Update/Delete）アプリケーションを OpenShift Virtualization で起動した仮想マシン上で実行します。

仮想マシンでのアプリの起動方法や、アプリケーションとデータベースの接続方法を、サンプルアプリケーションの実行を通じて知ることで、読者の皆さんが自身のアプリケーションを実行する際に役立つ基本的な考え方を紹介します。

6-1-1　アプリケーションの構成

まずはアプリケーション全体の構成を確認します（Figure 6-1）。

Figure 6-1　アプリケーションの構成

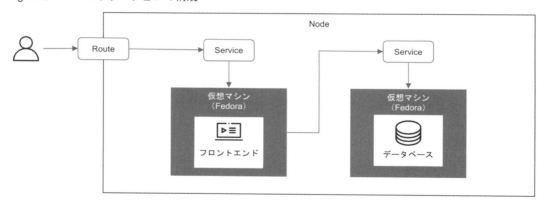

OpenShift Virtualization で 2 台の Fedora 仮想マシンを構築し、ユーザがアクセスするフロントエンドアプリケーションと、データを保存するためのデータベースを、それぞれの仮想マシン上で起動します。フロントエンドは Node.js で実装し、データベースには PostgreSQL を利用します。

データベースへの接続、およびアプリケーションの公開には、Service と Route リソースを利用し、コンテナと同じ方法で仮想マシン上のアプリケーションを公開します。

6-1-2　仮想マシンの準備

それではアプリケーションの実行環境として仮想マシンを準備します。最初に本章で利用するプロジェクトを作成します。作業環境で以下のコマンドを実行し、app-deploy という名前のプロジェクトを作成してください。

● 6-1 アプリケーションの実行

```
## 新規プロジェクト（Namespace）の作成
oc new-project app-deploy
```

続いて OpenShift コンソールの管理者パースペクティブにて、Virtualization メニューから、Template を利用して仮想マシンを作成します。

■ データベース用の仮想マシンの作成

データベース用の仮想マシンを作成するため、Template から Fedora VM を選択し、以下 4 点の変更を加えます（**Figure 6-2**）。

Figure 6-2　テンプレートのカスタマイズ

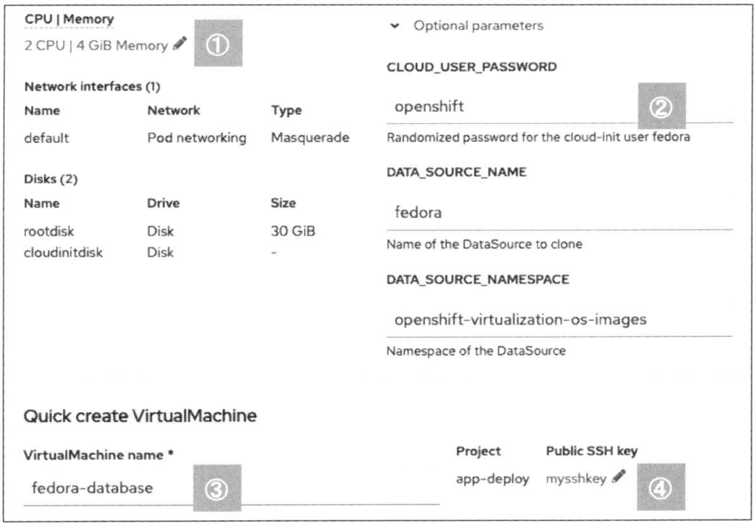

① CPU / Memory を、2CPU / 4GiB へ変更

② ログインパスワードを openshift へ変更

③ VirtualMachine の名前を fedora-database へ変更

④ sshkey を設定

上記項目のカスタマイズができたら、仮想マシンを作成します。

203

第 6 章 アプリケーションの実行と公開

■ フロントエンド用の仮想マシンの作成

データベースと同様に、フロントエンド用の仮想マシンを Template から作成します。データベース用の仮想マシンと同じ Fedora VM を選択し、カスタマイズを実施します。カスタマイズ項目について、③の仮想マシンの名称のみ、fedora-frontend に変え、その他についてはデータベース用の仮想マシンと同じ設定を行ってください。設定が完了したら仮想マシンを作成します。

2 つの仮想マシンのステータスが Running となれば準備は完了です。

6-1-3 アプリケーションの起動

起動した仮想マシン上でアプリケーション実行のための準備を行います。OpenShift Virtualization では VNC コンソールを通じて仮想マシンの操作が可能です。しかし、効率的に作業するため、ここでは第 4 章で紹介した virtctl CLI を利用し、各仮想マシンに SSH を行った上で必要なコマンドを実行していきます。

自身の作業環境に virtctl がない場合は、「4-2-3 virtctl CLI のインストール」を参照してください。

■ データベースの構築

まずは、データベースの設定を行います。以下のコマンドを実行し、先ほど作成した fedora-database に SSH でログインします。秘密鍵ファイルについては、仮想マシンの作成時に設定した sshkey のペアを設定してください。

```
## 仮想マシン (fedora-database) への SSH
$ virtctl ssh fedora@fedora-database --identity-file=<path_to_sshkey> -n app-deploy
```

ログインすると以下のようなシェルプロンプトが表示され、ユーザ名、ホスト名、ディレクトリ情報を確認できます。

```
[fedora@fedora-database ~]$
```

今回のアプリケーションではデータベースとして PostgreSQL を利用します。そのため、以下の順番で必要な設定を実施します。

204

●6-1 アプリケーションの実行

- PostgreSQL のインストール
- PostgreSQL ユーザとデータベースの作成
- 設定ファイルの変更
- OpenShift クラスタ内部への公開

○ PostgreSQL のインストール

仮想マシンへ PostgreSQL をインストールします。必要なパッケージをインストールし、データベースを初期化、サービスとして実行します。仮想マシンで以下のコマンドを実行してください。

```
## パッケージのインストール
[fedora@fedora-database ~]$ sudo dnf install \
-y postgresql-server postgresql-contrib

## サービスの自動起動有効化
[fedora@fedora-database ~]$ sudo systemctl enable postgresql

## データベースの初期化
[fedora@fedora-database ~]$ sudo postgresql-setup --initdb --unit postgresql

## サービスの開始
[fedora@fedora-database ~]$ sudo systemctl start postgresql
```

○データベースの作成

続いてアプリケーションで利用するデータベースを作成します。ユーザ名は fedora、データベース名は my_data を設定します。

```
## ユーザの作成
[fedora@fedora-database ~]$ sudo -u postgres psql \
-c "CREATE USER fedora WITH PASSWORD 'openshift';"

## データベースの作成
[fedora@fedora-database ~]$ sudo -u postgres psql \
-c "CREATE DATABASE my_data OWNER fedora;"
```

第 6 章　アプリケーションの実行と公開

○データベースへのアクセス許可

作成したデータベースへ他のサーバからアクセスするための設定を追加します。認証方式として、md5（パスワード認証）を利用し、アクセス可能な IP アドレス範囲として、10.0.0.0/8 を指定します。設定ファイルを変更したら、サービスを再起動し設定を反映します。

```
## 認証方式の設定
[fedora@fedora-database ~]$ echo "host my_data fedora 10.0.0.0/8 md5" | \
sudo tee -a /var/lib/pgsql/data/pg_hba.conf

## リッスンアドレスの変更
[fedora@fedora-database ~]$ sudo sed -i \
"s/#listen_addresses = 'localhost'/listen_addresses = '*'/g" \
/var/lib/pgsql/data/postgresql.conf

## サービスの再起動（設定の反映）
[fedora@fedora-database ~]$ sudo systemctl restart postgresql
```

これで fedora-database の設定は完了です。ターミナルで、 Ctrl + D を実行し、仮想マシンからログアウトしてください。

○ Service の作成

仮想マシン上の PostgreSQL に対し、Service を通じてアクセスできるよう設定を行います。作業環境で、以下のコマンドを実行します。

```
## Service の作成
$ virtctl expose vm fedora-database --port=5432 --name=db-service  -n app-deploy
```

上記のコマンドで、fedora-database をポート番号（5432）で公開する db-service という Service リソースを作成します。作成した Service を以下のコマンドで確認してください。

```
## 作成した Service の確認
$ oc get service db-service
--
NAME          TYPE        CLUSTER-IP      EXTERNAL-IP    PORT(S)      AGE
```

206

```
db-service    ClusterIP    172.30.51.99    <none>        5432/TCP    6m36s
```

これでデータベースにアクセスする準備が整いました。

■ フロントエンドの構築

fedora-frontend で、フロントエンドのアプリケーションを起動します。作業環境から対象の仮想マシンに対し SSH でログインします。

```
## 仮想マシン (fedora-frontend) への SSH
$ virtctl ssh fedora@fedora-frontend --identity-file=<path_to_sshkey> -n app-deploy
```

フロントエンドアプリケーションの構築について、以下の順番で作業を進めます。

- Node.js、Git のインストール
- リポジトリのクローン
- データベースへの接続設定
- アプリケーションの起動
- アプリケーションの公開

○ Node.js と Git のインストール

パッケージマネージャを利用し、アプリケーションの実行に必要な Node.js と、リポジトリからコードを取得するための Git をインストールします。インストールが完了したら、アプリケーションコードを本書の Git リポジトリからクローンします。

```
## Node.js と Git のインストール
[fedora@fedora-frontend ~]$ sudo dnf install -y nodejs git

## リポジトリのクローン
[fedora@fedora-frontend ~]$ git clone \
https://gitlab.com/cloudnative_impress/openshift_virtualization_tutorial
```

第 6 章　アプリケーションの実行と公開

○データベースへの接続設定

　続いてデータベースへの接続設定を行います。今回利用するアプリケーションでは環境変数に設定した値を元にデータベースへの接続を行うため、作成済みの db-service に関する情報を入力します。

```
## データベース接続情報の設定
[fedora@fedora-frontend ~]$ export MY_DATABASE_SERVICE_HOST=db-service
[fedora@fedora-frontend ~]$ export DB_USERNAME=fedora
[fedora@fedora-frontend ~]$ export DB_PASSWORD=openshift
[fedora@fedora-frontend ~]$ export POSTGRESQL_DATABASE=my_data
```

　今回はデータベースの仮想マシンと、フロントエンドの仮想マシンが同じプロジェクト内にあるため、接続先のホストを表す MY_DATABASE_SERVICE_HOST には、Service 名である db-service を入力します。もし異なるプロジェクト間で接続を行いたい場合は、db-service.app-deploy.svc.cluster.local のように FQDN を指定してください。

○アプリケーションの起動

　事前準備が完了したのでアプリケーションを起動します。ソースコードを含むディレクトリに移動し、必要な依存関係をインストールした上で、アプリケーションを実行します。

```
## ディレクトリの変更
[fedora@fedora-frontend ~]$ cd openshift_virtualization_tutorial/code-06/frontend/

## 依存関係のインストール
[fedora@fedora-frontend frontend]$ npm install

## アプリケーションの起動
[fedora@fedora-frontend frontend]$ npm run dev
```

　起動ログに Database init'd と表示されれば、アプリケーションの起動とデータベースへの接続は完了です。もしエラーが表示されるようであれば、環境変数の設定や、PostgreSQL の設定を見直してみてください。

　アプリケーションを実行できたので、外部からアクセスできるよう公開します。フロントエンドの仮想マシンのターミナルは開いたまま、別途作業環境で新たにターミナルを開きます。

208

● 6-1 アプリケーションの実行

○ **Service と Route の作成**

データベースと同様に virtctl CLI でフロントエンド用の Service リソースを作成します。その後、oc CLI を利用して、クラスタ外部から Service にアクセスするための Route リソースを作成します。

```
## Service の作成
$ virtctl expose vm fedora-frontend --port=8080 --name=app-service -n app-deploy

## Route の作成
$ oc expose service app-service -n app-deploy
```

Column　oc expose によるアプリケーションの公開

今回のサンプルアプリケーションでは、oc expose というコマンドで、指定した Service を Route を介して外部からアクセスできるようにしました。oc expose は Route リソースを簡単に作成するには便利ですが、デフォルトではアプリケーションが HTTP で公開されます。

HTTPS でアプリケーションの公開を行いたい場合は、以下のように Route リソースを編集してください。

```
## Route リソースの編集
$ oc edit route app-service -n app-deploy
...
spec:
  ## 追加
  tls:
    termination: edge ## ①
    insecureEdgeTerminationPolicy: Redirect ## ②
  ## 以降は変更不要
  host: [ホスト名]
...
```

①：TLS 通信の終端設定
②：HTTP 接続時の対応ポリシー

この設定により、HTTPS によるアクセスが有効化され、HTTP で接続された場合には自動で HTTPS 接続へリダイレクトします。Route で設定可能な項目の詳細については、公式ドキュメント[*1]を参照してください。

第 6 章 アプリケーションの実行と公開

6-1-4　アプリケーションへのアクセス

　公開されたアプリケーションにブラウザからアクセスします。以下のコマンドを実行し、出力された URL にブラウザでアクセスしてください（Figure 6-3）。

```
## URL の確認
$ echo "http://$(oc get route app-service -o='jsonpath={.spec.host}' -n app-deploy)"
```

Figure 6-3　アプリケーションへのアクセス

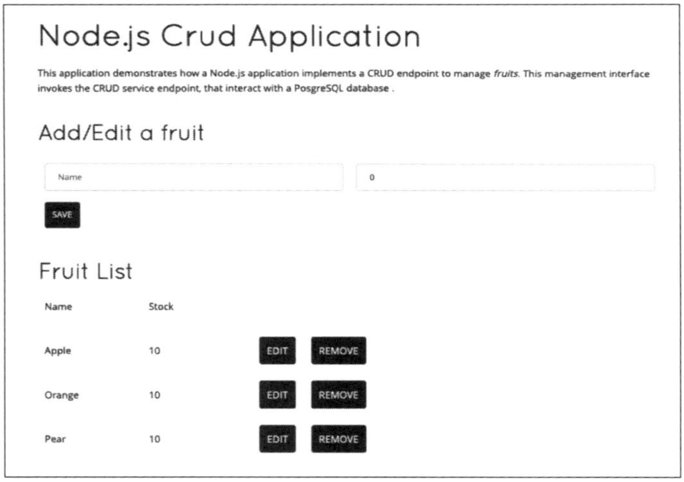

　このアプリケーションではさまざまな種類の果物の在庫を管理できます。GUI 操作により、在庫数の変更や、新たな種類の果物の追加ができ、これらの情報はデータベースに保存されます。

　新たな種類の果物を在庫に追加してみましょう。Add/Edit a fruit から、新しい果物として Banana を5 つ登録し、「SAVE」ボタンを押します（Figure 6-4）。

───

＊1　http://docs.redhat.com/ja/documentation/openshift_container_platform/4.16/html/networking/
　　configuring-routes#nw-creating-a-route_route-configuration

210

● 6-1 アプリケーションの実行

Figure 6-4　在庫の追加

Fruit List

Name	Stock		
Apple	10	EDIT	REMOVE
Orange	10	EDIT	REMOVE
Pear	10	EDIT	REMOVE
Banana	5	EDIT	REMOVE

この他にもアプリを操作し、新たな品目の追加や個数の変更などを試してみてください。

6-2　セカンダリネットワークを利用したアプリケーションの実行

前節では Service、Route を利用し、コンテナを扱うのと同様に仮想マシン同士の接続を行い、アプリケーションを公開しました。一方で、仮想マシンの運用において、用途ごとに個別のネットワークを作成して、それぞれ通信を実施したいというニーズも存在します。

そのため、本節では対象のプロジェクトに追加のネットワークを準備し、仮想マシンに静的 IP を割り当てて通信を行います。追加ネットワークの作成は、第 5 章で紹介した内容に基づきます。操作の中でわからない点があれば、前章の内容を振り返り確認してください。

6-2-1　アプリケーションの構成

それではアプリケーションの構成を確認します（Figure 6-5）。

Figure 6-5　アプリケーションの構成（追加ネットワーク）

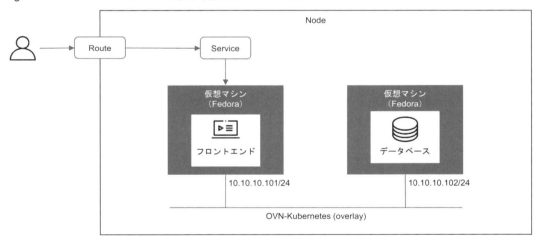

前節の構成と異なるのは、フロントエンドとデータベースとの接続が、追加ネットワークにより行われる点です。追加ネットワークには「5-4-3 追加ネットワークの作成」で紹介した OVN-Kubernetes の overlay を利用します。このネットワークは、同一クラスタであれば異なるベアメタルノードで起動した仮想マシンであっても L2 での通信を可能とします。ここでは各仮想マシンをこの追加ネットワークに接続します。

6-2-2　セカンダリネットワークの作成

OpenShift コンソールから、追加ネットワークのための NAD リソースを作成します。ネットワークメニューから、「NetworkAttachmentDefinition」を選択し、新規リソースを作成します（Figure 6-6）。

Figure 6-6　NAD リソースの作成

コンソールから以下のとおり設定を実施してください。

① NAD は Namespace スコープのリソースとなるため、プロジェクトには仮想マシンと同じ app-deploy を選択
② Form view を選択
③ 名前に app-secondary-network を設定
④ Network Type に OVN Kubernetes L2 overlay network を選択

設定ができたら「Create」ボタンを押下しリソースを作成します。これで NAD リソースが作成され、追加ネットワークを利用する準備が整いました。

第 6 章　アプリケーションの実行と公開

6-2-3　仮想マシンの設定

作成したネットワークに仮想マシンを接続するための設定を行います。OpenShift コンソールで Virtualization メニューから「VirtualMachines」を開き、fedora-database を選択し、設定を実施します。

■ ネットワークインターフェースの追加

Configuration タブから Network を選択し、「Add network interface」を押下すると、仮想マシンの追加 NIC の設定画面へと移ります（Figure 6-7）。

Figure 6-7　追加 NIC の設定

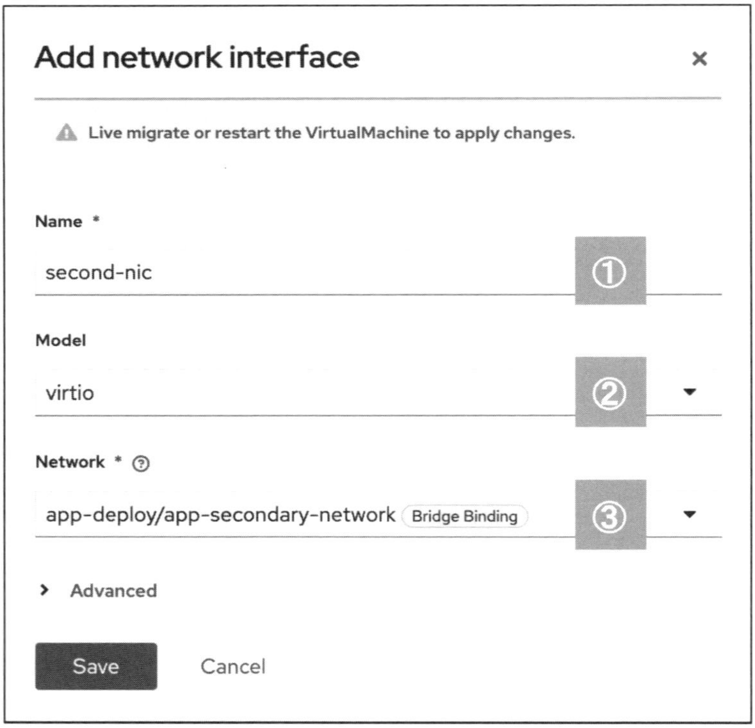

以下のとおり設定を実施してください。

① 名前に second-nic を設定
② ネットワークドライバに virtio を選択

● 6-2 セカンダリネットワークを利用したアプリケーションの実行

③ ネットワークに app-deploy/app-secondary-network を設定

　設定ができたら保存します。仮想マシンの追加 NIC 設定は、仮想マシンを再起動するか、ライブマイグレーションしたタイミングで反映されます。ここではコンソール画面から再起動を行い、設定を反映させてください。

○**仮想マシンへの NIC の設定**

　仮想マシンを新規作成する場合であれば、NIC に対するネットワーク設定は cloud-init スクリプトで実施できます。しかし、今回のように作成済みの仮想マシンに新たに NIC を追加した場合は cloud-init を利用することができないため、仮想マシンに SSH で接続し NetworkManager を通じてネットワーク設定を行います。

○**仮想マシンの接続**

　作業環境から virtctl により仮想マシンに接続し、設定を行います。

```
## 仮想マシン (fedora-database) への SSH
$ virtctl ssh fedora@fedora-database --identity-file=<path_to_sshkey> -n app-deploy
```

○**ネットワークの設定**

　ネットワーク設定には nmcli コマンドを利用します。こちらで NetworkManager を操作し、追加の NIC に対し IP アドレスを設定します。nmcli の利用方法については、参考ドキュメント[2]を確認してください。

```
## 追加 NIC の確認
[fedora@fedora-database ~]$ sudo nmcli device status

## 接続プロファイルの追加
[fedora@fedora-database ~]$ sudo nmcli connection add type ethernet con-name \
```

＊2　http://docs.redhat.com/ja/documentation/red_hat_enterprise_linux/9/html/configuring_basic_
system_settings/configuring-an-ethernet-connection-by-using-nmcli_assembly_configuring-and-
managing-network-access

215

第 6 章　アプリケーションの実行と公開

```
"enp2s0" ifname "enp2s0"

## 静的 IP アドレスの設定
[fedora@fedora-database ~]$ sudo nmcli connection modify "enp2s0" \
ipv4.addresses 10.10.10.102/24

## IPv4 アドレス設定のマニュアル化
[fedora@fedora-database ~]$ sudo nmcli connection modify "enp2s0" \
ipv4.method manual

## 接続プロファイルのアクティブ化
[fedora@fedora-database ~]$ sudo nmcli connection up "enp2s0"
```

　fedora-database に 2 つ目の NIC を設定し、静的 IP アドレス 10.10.10.102/24 を割り振ることができました。ここで設定した IP アドレスは、仮想マシンのライブマイグレーションを実施しても変わることなく保持されます。

○設定結果の確認

　以下のコマンドを実行し、設定結果を確認してください。

```
## 有効化の確認
[fedora@fedora-database ~]$ ip addr show dev enp2s0
3: enp2s0: <BROADCAST,MULTICAST,UP,LOWER_UP> mtu 8901 qdisc fq_codel state UP group
 default qlen 1000
    link/ether 02:2b:08:00:00:02 brd ff:ff:ff:ff:ff:ff
    inet 10.10.10.102/24 brd 10.10.10.255 scope global noprefixroute enp2s0
       valid_lft forever preferred_lft forever
    inet6 fe80::2b:8ff:fe00:2/64 scope link noprefixroute
       valid_lft forever preferred_lft forever
```

　出力に、state UP と表示されていることから、意図したとおり NIC が有効化されていることを確認できました。 Ctrl + D を押し、仮想マシンからログアウトします。

○フロントエンドの設定

　前節で作成したもう 1 つの仮想マシン、fedora-frontend に対しても同様の設定を行います。データベースとの設定の差分としては、静的 IP アドレスが 10.10.10.101/24 となる点のみです。先ほどまでの手順を確認しながら、OpenShift コンソール、および仮想マシン上でネットワーク設定を行ってくだ

● 6-2 セカンダリネットワークを利用したアプリケーションの実行

さい。

　設定が完了したら、ip addr コマンドを実行し、NIC の有効化、IP アドレス設定を確認します。

```
## 有効化の確認（fedora-frontend）
[fedora@fedora-frontend ~]$ ip addr show dev enp2s0
3: enp2s0: <BROADCAST,MULTICAST,UP,LOWER_UP> mtu 8901 qdisc fq_codel state UP group
 default qlen 1000
...
    inet 10.10.10.101/24 brd 10.10.10.255 scope global noprefixroute enp2s0
...
```

　これで 2 つの仮想マシンに追加ネットワークを設定し、通信を行うための準備が整いました。

○仮想マシン間の接続確認

　アプリケーションの実行を行う前に、ping コマンドで仮想マシン間の接続を確認します。ここでは
フロントエンドからデータベースへリクエストを行います。

```
## ping による接続確認（frontend -> database）
[fedora@fedora-frontend ~]$ ping 10.10.10.102
PING 10.10.10.102 (10.10.10.102) 56(84) bytes of data.
64 bytes from 10.10.10.102: icmp_seq=1 ttl=64 time=2.01 ms
64 bytes from 10.10.10.102: icmp_seq=2 ttl=64 time=0.597 ms
64 bytes from 10.10.10.102: icmp_seq=3 ttl=64 time=0.438 ms
```

　コマンド実行の結果、正常に応答が返却され、仮想マシン間のネットワーク疎通を確認できました。
確認ができたら Ctrl + C を実行し、ping コマンドを中断します。

6-2-4　アプリケーションへのアクセス

　それでは追加ネットワークを介してアプリケーションを実行します。データベースは、すでに systemd
によりサービスとして PostgreSQL が実行されており、設定変更は不要です。ここではフロントエンド
側の環境変数を変更し、静的 IP を通じた通信を実施します。

　fedora-frontend に SSH でログインし、以下のとおりコマンドを実行してアプリケーションを起動し
します。

217

第 6 章 アプリケーションの実行と公開

```
## データベース接続情報の設定（静的 IP 経由）
[fedora@fedora-frontend ~]$ export MY_DATABASE_SERVICE_HOST=10.10.10.102
[fedora@fedora-frontend ~]$ export DB_USERNAME=fedora
[fedora@fedora-frontend ~]$ export DB_PASSWORD=openshift
[fedora@fedora-frontend ~]$ export POSTGRESQL_DATABASE=my_data

## ディレクトリの変更
[fedora@fedora-frontend ~]$ cd openshift_virtualization_tutorial/code-06/frontend/

## アプリケーションの起動
[fedora@fedora-frontend frontend]$ npm run dev
```

前節と異なり、環境変数の MY_DATABASE_SERVICE_HOST に静的 IP を設定します。アプリケーションのログに Database init'd が表示されれば、静的 IP によるデータベースへの接続が確認できます。

前節で公開した URL にブラウザから再度アクセスし、アプリケーションを表示してください（Figure 6-8）。

Figure 6-8　アプリケーションの確認

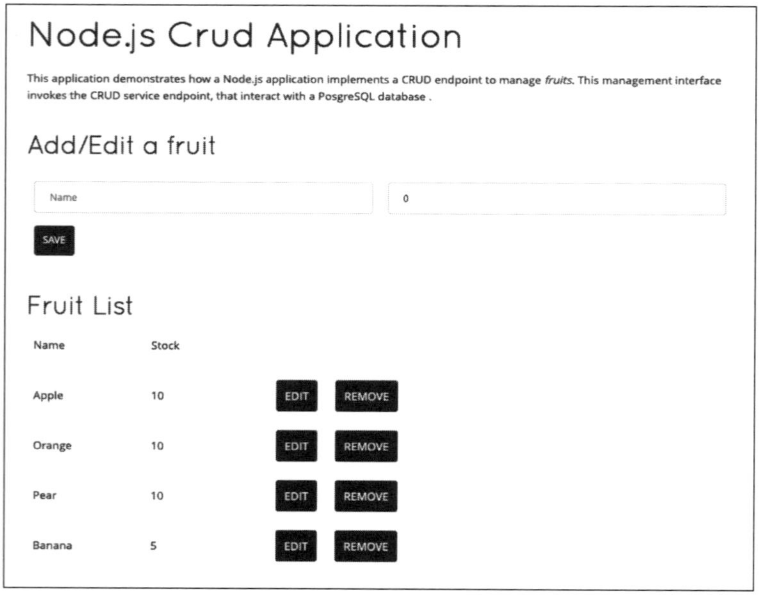

アプリケーションを表示すると、前節で追加した果物の在庫の状態が、そのままであることが確認できます。データベースへの接続経路は変わりましたが、データベース自体には変更を加えていない

ため、前の状態をそのまま引き継いでいます。これで複数の仮想マシンを追加ネットワークに接続し、通信が可能であることを確認できました。

6-3 アプリケーション実行の自動化

　ここまで、OpenShift コンソールや、各種コマンド実行を通じて、必要なリソースの作成や、仮想マシンの設定を手作業で実施してきました。しかし、実際の仮想マシンの運用において、すべての工程を手作業で行うことは、作業工数の増大や、意図しない操作ミスの増加につながり、望ましくありません。本節では、これまで実施してきたアプリケーション環境構築を自動化する方法を紹介します。

　Kubernetes ではマニフェストファイルを Git リポジトリで管理し、それに基づいて環境へのデプロイを行う「GitOps」と呼ばれる方法が、コンテナ運用のベストプラクティスとして知られています。OpenShift Virtualization では仮想マシンを YAML で管理できるため、GitOps を用いた仮想マシンの運用が可能です。以降では、この GitOps での実装について解説します。

6-3-1　GitOps による仮想マシンの管理

　まず GitOps の概要について確認します。GitOps とは、Git リポジトリに置かれたマニフェストファイルの状態を、信頼できる唯一の情報源（Single source of truth）とみなし、実行環境の状態とリポジトリの状態を一致させる運用のプラクティスです。

　システム管理者が、環境に対して変更を加える場合、直接コンテナなどのリソースを操作するのではなく、Git リポジトリに置かれたマニフェストを変更し、その変更を反映します。これにより、システムの変更内容を Git のコミット履歴を通じて管理することができ、また Git リポジトリを確認すれば現在のシステムの状態を把握することが可能となります（Figure 6-9）。

Figure 6-9　GitOps によるシステム運用

第 6 章 アプリケーションの実行と公開

　GitOps を実現するためのツールは複数知られていますが、本書ではオープンソースの Argo CD[3]を利用します。Argo は CNCF（Cloud Native Computing Foundation）の Graduated プロジェクトであり、Argo CD をはじめ、Argo Workflows や Argo Rollouts など、複数のツールを包含しています。どのツールも Kubernetes の運用では広く利用されています。

　Argo CD は、その名前が示す通り Continuous Delivery（継続的デリバリ）を実現するツールです。これ自体も Kubernetes 環境でコンテナとして実行され、GitOps を実現する上で必要な、Git リポジトリの変更差分の検知や、環境へのマニフェストの適用などの機能を提供します。これにより Git リポジトリの状態と、実行環境の状態を一致させることができます。

　この節では Argo CD を利用し、仮想マシンを含む、複数のリソースをデプロイします。Argo CD については基本的な機能の利用のみとなるため、より詳細な使い方を知りたい方は「Kubernetes CI/CD パイプラインの実装」[4]などの書籍を確認してください。

6-3-2　Operator による OpenShift GitOps のインストール

　OpenShift では OpenShift GitOps という名称で Argo CD の機能を利用可能です。そのため、本書の環境では OperatorHub から OpenShift GitOps をインストールし利用します（Figure 6-10）。

Figure 6-10　OpenShift GitOps Operator のインストール

---

* 3　http://argoproj.github.io/cd/
* 4　http://book.impress.co.jp/books/1120101027

OpenShift コンソールを開き、OperatorHub の検索ウィンドウに「`OpenShift GitOps`」と入力し「**Red Hat OpenShift GitOps**」を選択、インストールします。インストール時の設定項目はすべてデフォルトのままとしてください。インストール後、ブラウザを一度更新します。

Argo CD は独自の管理画面を提供しており、デプロイするアプリケーションを管理できます。OpenShift コンソールの画面右上のグリッドアイコンから、Cluster Argo CD のリンクを開きアクセスしてください（Figure 6-11）。

Figure 6-11　Argo CD コンソールへのアクセス

ログイン画面で、「**LOG IN VIA OPENSHIFT**」を選択すると、OpenShift のユーザ認証を通じて Argo CD コンソールへログインできます。Argo CD を通じてリソースをデプロイすると、その状況をこちらの画面から確認できます。これで Argo CD を利用する準備が整いました。

第6章 アプリケーションの実行と公開

6-3-3　リソースのデプロイとアプリケーションの起動

それでは Argo CD を使ってリソースをデプロイします。

■ デプロイ対象のリソース

Argo CD を利用する場合、必要となるのがデプロイ対象のリソースのマニフェストファイルです。これらのファイルは本書のリポジトリの code-06/gitops/base/ というディレクトリで公開しています。作業環境で以下のコマンドを実行し、対象のファイルを確認します。

```
## 6章のディレクトリに移動
$ cd ~/openshift_virtualization_tutorial/code-06/

## デプロイ対象のリソース一覧
$ tree gitops/base/
gitops/base/
├── app-networkdata.yaml    ## ①
├── app-userdata.yaml       ## ①
├── db-networkdata.yaml     ## ①
├── db-userdata.yaml        ## ①
├── kustomization.yaml      ## ②
├── nad.yaml                ## ③
├── namespace.yaml          ## ④
├── rolebinding.yaml        ## ⑤
├── role.yaml               ## ⑤
├── route.yaml              ## ⑥
├── service-app.yaml        ## ⑦
├── service-db.yaml         ## ⑦
├── vm-app.yaml             ## ⑧
└── vm-db.yaml              ## ⑧
```

①：VirtualMachine に設定する cloud-init スクリプトを含む Secret

②：デプロイ対象のリソースを指定する kustomize ファイル

③：追加ネットワーク作成用の NAD

④：デプロイ先の Namespace

⑤：Argo CD コントローラが NAD リソースをデプロイするための Role、および RoleBinding

⑥：アプリケーション公開用の Route

222

● 6-3 アプリケーション実行の自動化

⑦：仮想マシンアクセスのための Service

⑧：フロントエンド、データベース用の VirtualMachine

前節で、コンソールや CLI によって作成したリソースに加え、cloud-init スクリプトを Secret として管理し、Argo CD から NAD を作成するために権限を付与する Role や RoleBinding を追加しています。

また、このディレクトリの中でどのファイルをデプロイ対象とするかを指定する kustomization.yaml という特殊な YAML ファイルを追加しています。これは kustomize*5 と呼ばれる Kubernetes の設定管理ツールで利用するファイルであり、Argo CD と組み合わせることで、開発環境、検証環境、商用環境など、環境ごとのデプロイ差分を管理できます。

■ データベース用 cloud-init スクリプトの確認

フロントエンドアプリケーションやデータベースの起動、また追加ネットワークへの接続と静的 IP の付与といった設定については、すべて cloud-init スクリプトで行います。VirtualMachine リソースが作成され、仮想マシンが起動したタイミングで、cloud-init によって必要な設定を行い、データベースやアプリケーションが利用可能な状態になるまでの一連の操作を自動化します。

以下のコマンドを実行し、データベースの設定を行う cloud-init スクリプトを確認します。

```
## データベース用の cloud-init スクリプト
$ cat gitops/base/db-userdata.yaml
kind: Secret
apiVersion: v1
metadata:
  name: db-userdata
stringData:
  userData: |
...
    runcmd:
      - sudo systemctl enable postgresql
      - sudo postgresql-setup --initdb --unit postgresql
      - sudo systemctl start postgresql
...
```

stringData.userData の中の runcmd では、手作業でデータベースの初期設定を行ったのと同じコマンドをまとめて記載しています。これにより PostgreSQL の初期化や、データベース、ユーザの作成

＊5　http://kustomize.io/

223

第 6 章　アプリケーションの実行と公開

を自動化します。

■ Application リソースの作成

Argo CD では、クラスタ環境と同期する Git リポジトリの情報を Application と呼ばれるカスタムリソースで管理します。今回利用する Application リソースを、以下のコマンドで確認します。

```
## Application リソースの確認
$ cat gitops/application.yaml
apiVersion: argoproj.io/v1alpha1
kind: Application
metadata:
  name: deploy-by-gitops
  namespace: openshift-gitops
  finalizers:
    - resources-finalizer.argocd.argoproj.io
spec:
...
  source:
    kustomize:
    path: code-06/gitops/overlays/
    repoURL: https://gitlab.com/cloudnative_impress/openshift_virtualization_tutorial.git
    targetRevision: main
...
```

spec.source の中で、本書のリポジトリの URL や、同期対象とするディレクトリのパス、ターゲットとするリビジョン（ここでは main ブランチ）の情報を記載しています。Application リソースが作成されると、Argo CD はデフォルトで 3 分に 1 度、対象のリポジトリをチェックし、変更があればその差分を適用します。

以下のコマンドを実行し、Application リソースを作成します。

```
## Application の作成
$ oc apply -f gitops/application.yaml
```

Argo CD コンソールには作成された Application の情報が表示され、VirtualMachine など、デプロイされた一連のリソースや、Git リポジトリとの同期の状態を確認できます（Figure 6-12）。

● 6-3 アプリケーション実行の自動化

Figure 6-12　Argo CD のリソーストポロジー

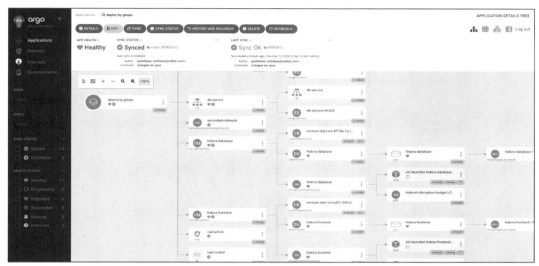

　デプロイされた各リソースは、app-deploy-auto というプロジェクトで管理されます。Argo CD による同期が行われ、アプリケーションの設定が完了するまで 5 分程待ってください。その後、以下のコマンドを実行し、アプリケーションの URL を表示します。

```
## URL の確認
$ echo "http://$(oc get route app-service -o='jsonpath={.spec.host}' -n app-deploy-auto)"
```

　ブラウザからアクセスすると、新規に立ち上がったアプリケーションが表示されます（**Figure 6-13**）。仮想マシンを含むリソースの作成や、設定が、Argo CD によって正しく反映されていることを確認できました。

225

第 6 章　アプリケーションの実行と公開

Figure 6-13　GitOps でデプロイしたアプリケーション

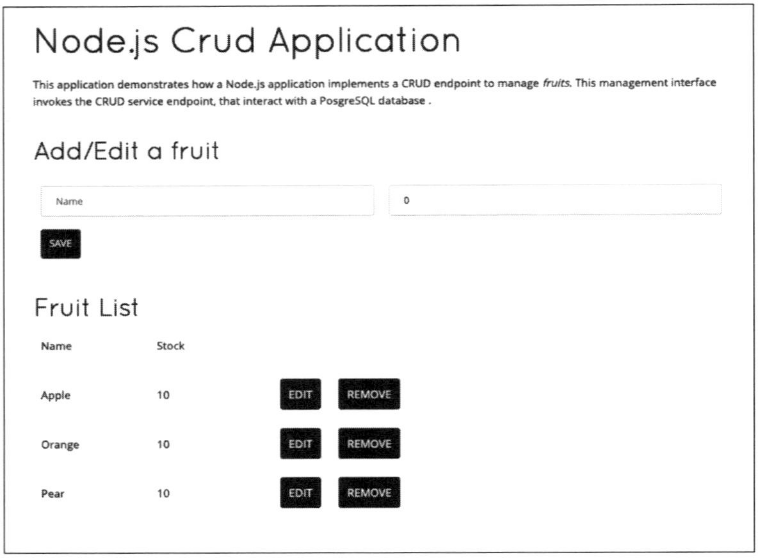

6-4　まとめ

　本章では、アプリケーションの実行と公開を通じて、それらに必要な一連の操作方法を確認しました。仮想マシンだけではなく、Service や Route、NAD といったリソースの作成を行い、仮想マシン上で実行したアプリケーションへ、どのようにアクセスし、利用できるのかという点を具体的に確認しました。また、GitOps を導入することで、OpenShift Virtualization における仮想マシン運用の自動化を実施しました。Kubernetes の世界で発展した運用のプラクティスを仮想マシンに導入することで、仮想マシン運用の新しい形を体験できたのではないでしょうか。

　本章で作成したリソースを削除する場合は、作業環境で以下を実行してください。

```
## Application の削除
$ oc delete -f gitops/application.yaml

## Project の削除
$ oc delete project app-deploy
```

第 7 章
仮想マシンの移行

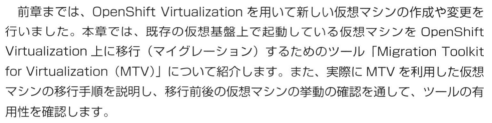

　前章までは、OpenShift Virtualization を用いて新しい仮想マシンの作成や変更を行いました。本章では、既存の仮想基盤上で起動している仮想マシンを OpenShift Virtualization 上に移行（マイグレーション）するためのツール「Migration Toolkit for Virtualization（MTV）」について紹介します。また、実際に MTV を利用した仮想マシンの移行手順を説明し、移行前後の仮想マシンの挙動の確認を通して、ツールの有用性を確認します。

　本章を通して、MTV の特徴や使い方について理解を深めていきましょう。

第 7 章　仮想マシンの移行

7-1　仮想マシンの移行環境とツール

　既存の仮想基盤上で起動している仮想マシンを、スムーズに OpenShift Virtualization 上に移行（マイグレーション）するためのツールとして、「Migration Toolkit for Virtualization（MTV）」があります。MTV はオープンソースソフトウェアである Forklift の機能を提供し、OpenShift では OperatorHub からインストールして利用できます。

　MTV および Forklift プロジェクトに関する概要と、具体的な設定方法について見ていきます。

7-1-1　Forklift について

　Forklift とは、仮想マシンを KubeVirt に移行するプロセスを高速化するためのオープンソースのプロジェクトです[1]。Forklift は、Red Hat と IBM Research が 2021 年に共同で立ち上げたオープンソースの取り組みである「Konveyor」に端を発しています[2]。Konveyor プロジェクトは、企業が Kubernetes の導入を加速するためのユーティリティの開発と提供を主眼に据えています。Konveyor はいくつかのサブプロジェクトから構成され、そのうちの一つとして Forklift の開発がスタートしました。

　Konveyor プロジェクトは、2022 年 10 月にその方針を見直し、企業がアプリケーションをコンテナ化したりリファクタリングする際に必要なユーティリティの開発と提供に集中することを発表[3]しました。そのため、現在 Forklift は Konveyor プロジェクトから KubeVirt プロジェクトに移管され、開発が継続されています。

　Forklift により、ユーザは VMware vSphere や oVirt, OpenStack といった従来の仮想基盤から、仮想マシンを KubeVirt に容易に移行することができるようになりました。この Forklift を OpenShift では MTV として利用できます（Figure 7-1）。

＊ 1　https://github.com/kubev2v/forklift.github.io/blob/main/index.md

＊ 2　https://www.redhat.com/en/blog/red-hat-and-ibm-research-launch-konveyor-project

＊ 3　https://www.konveyor.io/blog/community-update-konveyor-refocuses-efforts/

Figure 7-1　MTV による仮想マシンの移行

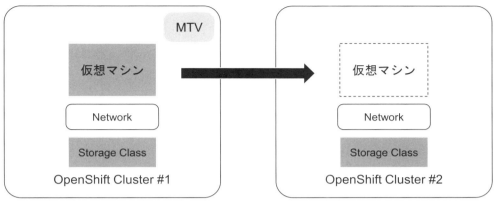

7-1-2　対応する仮想基盤製品

MTV を利用して既存の仮想基盤製品から OpenShift Virtualization に仮想マシンを移行する場合、本書執筆時点では Table 7-1 の仮想基盤製品に対応しています。

Table 7-1　仮想基盤製品

仮想基盤製品	コールド移行	ウォーム移行
VMware vSphere	対応	対応
Red Hat Virtualization（RHV）	対応	対応
OpenStack	対応	非対応
OpenShift Virtualization	対応	非対応

仮想基盤製品ごとに対応する移行タイプに差があります。

- コールド移行

  デフォルトの移行タイプであり、移行元の仮想マシンはデータのコピー中にシャットダウンする必要があります。

- ウォーム移行

  移行元の仮想マシンの実行中にプレコピーと呼ばれる段階を踏み、ディスクイメージのコピーが実行されます。移行操作の開始後に新たに生成されるデータやディスクイメージの変化については、変更ブロック追跡（Change Block Tracking、CBT）と呼ばれる仕組みを用いて追跡します。こ

第 7 章 仮想マシンの移行

れにより、仮想マシンのディスク上で変更されたブロックのみを追跡し、その差分だけをスナップ
ショットとして作成します。デフォルト設定では 1 時間ごとにスナップショットが作成されます。

　プレコピー段階が終わると、カットオーバー段階が開始します。カットオーバー段階では移行
元仮想マシンがシャットダウンされ、増分のみがコピーされます。これによりデータの損失は増
分コピー期間のみに抑えられ、シャットダウンタイムを最小限にした仮想マシンの移行が行われ
ます（Figure 7-2）。

Figure 7-2　ウォーム移行

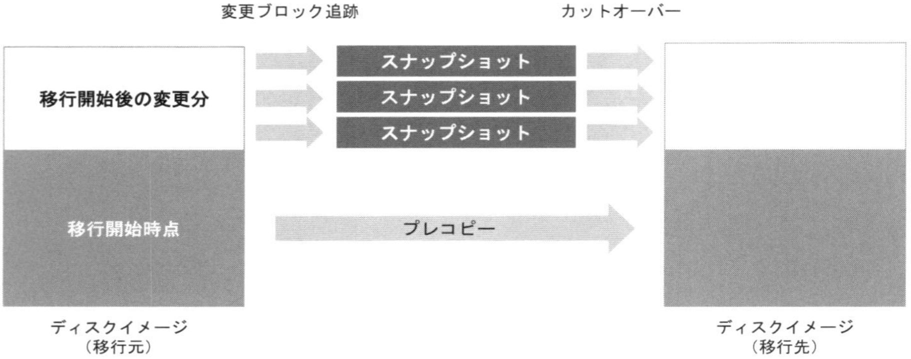

7-1-3　移行先 OpenShift クラスタの準備

　さて、MTV を実際に操作するためには移行元と移行先の仮想基盤が必要ですが、本書では、OpenShift
クラスタから別の OpenShift クラスタへの仮想マシンの移行、というパターンを紹介します。この作業
を通して、MTV の使い方について学んでいきましょう。

　移行作業を行うため 2 つめの OpenShift クラスタを準備します。クラスタの構築は第 2 章で説明し
た手順に従って同じように構築してください。

　「2-4-2 IPI インストールの実行」の内容に従って、2 つめの OpenShift クラスタを作成します。以下
に作業環境のターミナル上での操作コマンドを記載します。

```
$ mkdir mycluster2
$ openshift-install create install-config --dir=./mycluster2
? Platform aws
INFO Credentials loaded from the "default" profile in file "/home/ec2-user/.aws/cre
dentials"
```

```
? Region ap-northeast-1
? Base Domain kubevirt-book-trial.com
? Cluster Name my-kvirt2    ## 第 2 章で作成したクラスタと異なる名称を設定
? Pull Secret [? for help] ******
INFO Install-Config created in: mycluster2
```

ディレクトリ「mycluster2」内に作成された「install-config.yaml」を編集して 2 つめのクラスタを作成します。

クラスタ作成後、「2-4-3 ベアメタルインスタンスの追加」「2-6-1 Operator による OpenShift Virtualization のインストール」の内容に従い、設定を行います。なお、2 つめのクラスタでは、RWX の PV を利用しないため、ODF についてはインストールを行いません。

7-1-4　Migration Toolkit for Virtualization Operator のインストールと設定

MTV のインストールと設定を行います。2 つのクラスタのどちらにインストールしても構いませんが、2 つめのクラスタを構築中の場合は、1 つめのクラスタに MTV をインストールしておくのがよいでしょう。本書では 1 つめのクラスタにインストールするものとします。

OpenShift コンソールの OperatorHub で「MTV」と検索し、「Migration Toolkit for Virtualization Operator」をインストールします。インストール時の設定値はデフォルトのままとします（Figure 7-3）。

Figure 7-3　Migration Toolkit for Virtualization Operator

Operator のインストールが完了すると、カスタムリソース「ForkliftController」の作成を求められます。プロジェクトが「openshift-mtv」となっていることを確認し、デフォルト設定のまま作成します（Figure 7-4）。

第 7 章 仮想マシンの移行

Figure 7-4　ForkliftController の作成

すべてのコンポーネントが無事に起動すると、画面更新が促されるため、ブラウザを更新してください。OpenShift コンソールに「Migration」というメニューが新たに追加されます（Figure 7-5）。

Figure 7-5　管理者向け表示

これで MTV のインストールと設定が完了しました。続いて、プロバイダの登録を行います。

232

7-1-5　プロバイダの設定

「プロバイダ」とは、仮想マシンの移行元や、移行先になる仮想基盤のことを指します。

OpenShift コンソールの「Migration」メニューから「Providers for Virutalization」を選択すると、すでに「host」というプロバイダが登録されています。これは、MTV がインストールされているクラスタ自体を表しており、このクラスタが、仮想マシンの「移行元」となります（Figure 7-6）。

Figure 7-6　プロバイダ一覧

次に「移行先」のプロバイダとして、2つめの OpenShift クラスタを登録します。プロバイダは右上の「Create Provider」をクリックして登録します。プロバイダの登録には仮想基盤の種類を選ぶ必要があるため、ここでは「OpenShift Virtualization」を選択します（Figure 7-7）。

Figure 7-7　プロバイダの登録

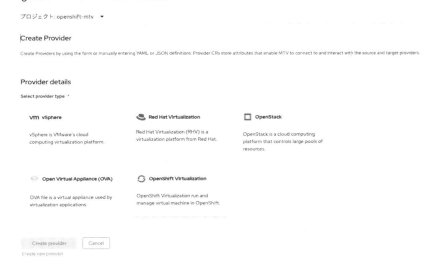

プロバイダ登録時の設定値について一つずつ確認します（Figure 7-8、Table 7-2）。

233

第 7 章 仮想マシンの移行

Figure 7-8　プロバイダ設定値の詳細

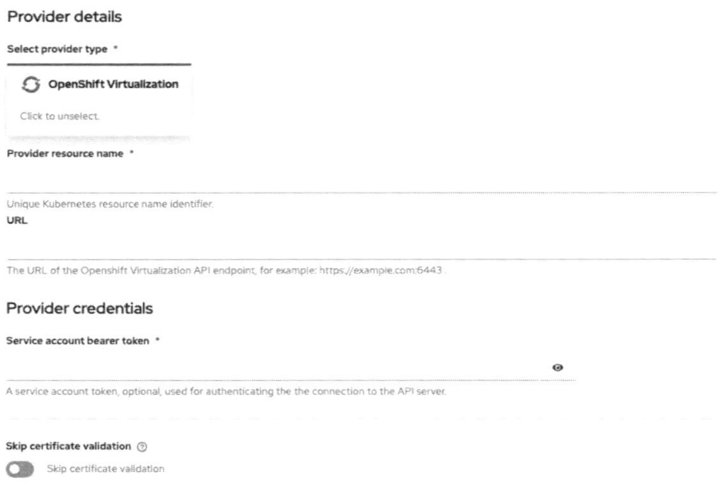

Table 7-2　フォームの設定値

No.	項目	値
1	Provider resource name	任意の文字列（例：target）
2	URL	2 つめの OpenShift クラスタの API エンドポイント
3	Service account bearer token	Cluster-admin 権限を持つアカウントのトークン

　「Provider resource name」は、移行先の仮想基盤を識別する名称です。わかりやすいものを入力してください。今回は「target」と入力します。

　「URL」は、仮想基盤にアクセスするためのエンドポイントです。OpenShift クラスタの場合は「https://api.<your-cluster-name>.<your-domain>:6443」というクラスタ API エンドポイントを入力します。< your-cluster-name >、および< your-domain >は、2 つめの OpenShift クラスタを作成した際に設定した値を登録します。

　「Service account bearer token」は、2 つめの OpenShift クラスタのエンドポイントにアクセスする際に必要な認証情報です。今回必要なトークンは、OpenShift 上の全リソースに対する操作権限（cluster-admin）を持つ Service Account のトークン、もしくは Cluster-admin 権限を持っている UserAccount のトークンです。ここでは、デフォルトで作成されている Kubeadmin ユーザのトークンを利用します。

　Kubeadmin ユーザのトークンの取得は OpenShift のコンソール画面上で行います。2 つめの OpenShiftクラスタのコンソール画面右上のユーザ名「kube:admin」をクリックし、「ログインコマンドのコピー」

を開きます（Figure 7-9）。

Figure 7-9　Kubeadmin ユーザのトークンの取得

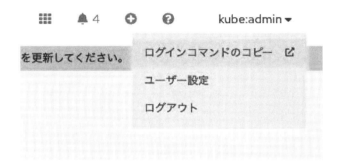

OpenShift のログイン画面に遷移するため、2 つめのクラスタ作成完了時にターミナルに出力されたユーザ名（kubeadmin）とパスワードを使ってログインしてください。

認証が完了すると、「Display Token」というハイパーリンクが表示され、クリックすると以下のコマンドが表示されます。

```
$ oc login --token=sha256~<ランダムな文字列> \
--server=https://api.<your-cluster-name>.<your-domain>:6443
```

このコマンドの「--token」パラメータに設定されている値「sha256~<ランダムな文字列>」がトークン情報です。この値を MTV の設定値に入力します。

また、今回は 2 つめのクラスタへのアクセスについて、有効な TLS 証明書を設定していないため、「Skip certificate validation」にチェックを入れます。

■ プロバイダの登録

必要な値の入力が完了すると「Create provider」ボタンが有効化されます。これをクリックし、移行先プロバイダとして 2 つめの OpenShift クラスタを登録します。

移行先プロバイダ（target）のステータスが「Ready」となれば、移行元からの接続が成功しています。

「openshift-mtv」プロジェクトで、「Providers for Virutalization」を確認すると、もともと登録されていた「host」に加え、追加した「target」が確認できます（Figure 7-10）。

第 7 章　仮想マシンの移行

Figure 7-10　追加された移行先クラスタの確認

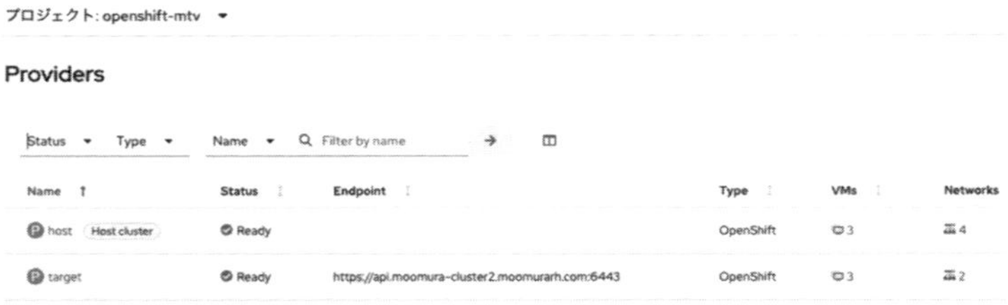

VMs カラムや Networks カラムからは、host および target それぞれのクラスタにデプロイされている仮想マシンの情報や、展開されているネットワークをインベントリとして確認できます。

これでマイグレーションの準備が整いました。次節では実際に仮想マシンのマイグレーションについて確認します。

Column　Service Account トークンの作成

プロバイダ登録時に、Service Account トークンを設定する方法を確認します。まず「kubevirt」プロジェクト内にプロバイダ登録用の Service Account「2nd-cluster-access」を作成します。そのアカウントに cluster-admin 権限を付与し、トークンを作成します。これらの操作は以下のコマンドを通じて実行可能です。

```
## 2 つめの OpenShift クラスタにログイン
$ oc login --token=sha256~<ランダムな文字列> \
--server=https://api.your-cluster-name.your-domain.com:6443

## Service Account「2nd-cluster-access」を作成
$ oc create serviceaccount 2nd-cluster-access -n kubevirt

## Service Account「2nd-cluster-access」に cluster-admin 権限を付与
$ oc adm policy add-cluster-role-to-user Cluster-admin -z 2nd-cluster-access -n kubevirt

## トークンを作成し、環境変数「TOKEN」に設定
$ TOKEN=$(oc create token 2nd-cluster-access -n kubevirt)

## ターミナルにトークンを出力
$ echo $TOKEN
eyJhbGciOiJSUzI1N...
```

出力された Service Account トークンを MTV の「Create Provider」画面の「Service account bearer token」に入力することで、2 つめの OpenShift クラスタを移行先クラスタ (target) として登録できます。

236

● 7-2 仮想マシンの移行作業と確認

7-2 仮想マシンの移行作業と確認

ここまでの作業で、MTV に移行元クラスタ（host）と移行先クラスタ（target）の情報を登録し、仮想マシンを移行する準備ができました。本節では実際に移行作業を行い、移行前後の仮想マシンの挙動について確認します。

7-2-1 移行する仮想マシンの準備

host 側に移行対象の仮想マシンを起動します。事前に、「4-1-6 Script」で SSH 公開鍵を登録した際に作成された Secret である「public-key」が存在することを確認してください

仮想マシンの作成は、host にログイン済みの作業環境から、YAML ファイルを適用します。

```
## 7 章のディレクトリに移動
$ cd ~/openshift_virtualization_tutorial/code-07/

## YAML ファイルの確認
$ cat example-mtv-test.yaml

## 仮想マシンの作成
$ oc apply -f example-mtv-test.yaml
```

YAML ファイルを適用すると、「kubevirt」プロジェクトに新しい仮想マシンが起動します（**Figure 7-11**）。

Figure 7-11 仮想マシンの起動

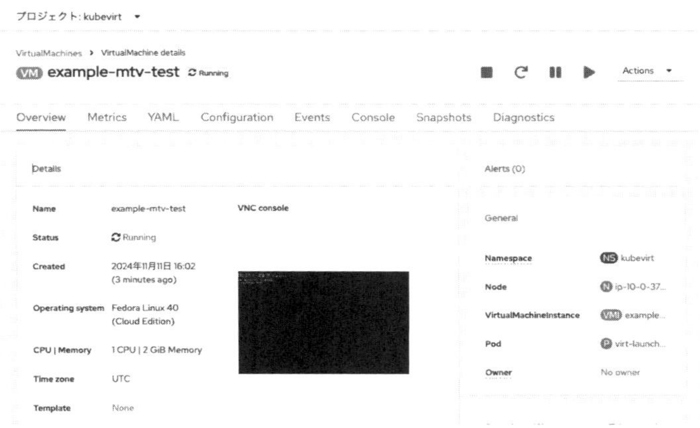

237

この仮想マシンの詳細は以下のとおりです。

- ホスト名：example-mtv-test
- ゲスト OS：Fedora。OS イメージは Fedora プロジェクトが公開しているダウンロード URL から取得します
- 永続ボリューム：ODF から提供される StorageClass「ocs-storagecluster-ceph-rbd-virtualization」を利用します
- SSH 公開鍵の登録方法：Qemu Guest Agent による動的インジェクションを採用します[*4]。
- ログインユーザ情報（ID /パスワード）：fedora-user / fedora-password
- それ以外の設定は Fedora の Template に準拠

Column　Qemu Guest Agent による動的インジェクション

　OpenShift Virtualization における仮想マシンへの SSH 公開鍵の伝搬方法（propagationMethod）は「cloud-init 経由の静的 SSH 公開鍵の挿入」と「Qemu Guest Agent による動的 SSH 公開鍵の挿入」の 2 通りがあります[*5]。

　MTV を用いて OpenShift クラスタ間で仮想マシンを移行する場合、propagationMethod に「cloud-init 経由の静的 SSH 公開鍵の挿入」を利用していると、エラーが発生し移行が正しく行われません。

　そのため、SSH 公開鍵登録の手段として「Qemu Guest Agent による動的 SSH 公開鍵の挿入」を利用します。なお、こちらの機能はゲスト OS が RHEL9（Red Hat Enterprise Linux 9）の場合のみサポートされます。

　OpenShift コンソールで仮想マシンを作成する場合、SSH 公開鍵を登録する際に、「Dynamic SSH key injection」のトグルを ON にすることで「Qemu Guest Agent による動的インジェクション」を設定可能です（Figure 7-12）。

＊4　OpenShift Virtualization で Fedora OS に対する動的インジェクションはサポート対象外です。

● 7-2 仮想マシンの移行作業と確認

Figure 7-12 Dynamic SSH key injection」のトグルを ON に設定

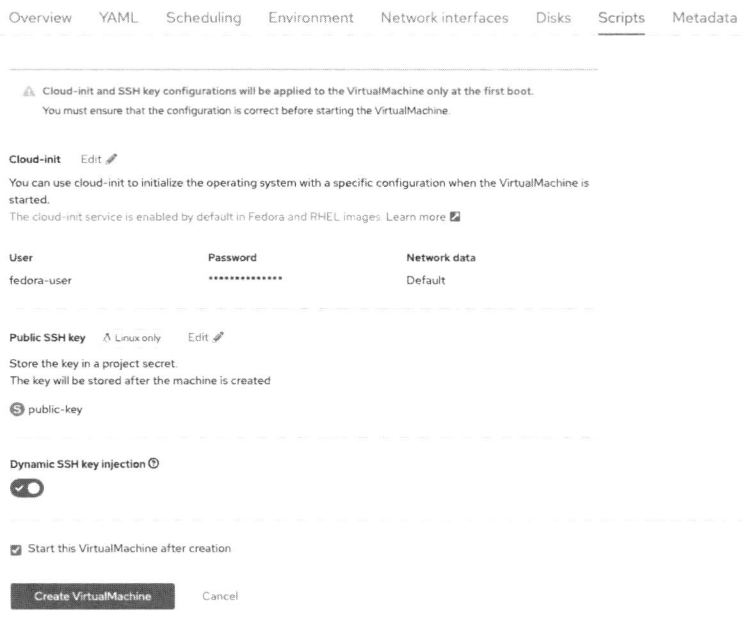

仮想マシンが起動したら、作業環境で virtctl コマンドを利用し、SSH でリモート接続します。

```
$ virtctl -n kubevirt ssh fedora-user@example-mtv-test \
--identity-file=<path_to_sshkey>
```

ログイン後、以下のように、移行確認用のファイルを作成します。今回の移行では、このファイルがマイグレーション後に存在していることを確認します。

```
[fedora-user@example-mtv-test ~]$ echo "it is test" > test.txt && cat test.txt
it is test
```

＊5 https://kubevirt.io/user-guide/user_workloads/accessing_virtual_machines/

第 7 章 仮想マシンの移行

7-2-2　移行先クラスタの事前準備

　次に移行先クラスタの事前準備を行います。まずは SSH の接続情報を作成します。今からマイグレーションする仮想マシン「example-mtv-test」は target 側に移行した後も、作業環境から SSH で接続できるようにします。そのため、事前に移行先クラスタに仮想マシンを起動するプロジェクトと Secret「public-key」を作成します。

　以下のコマンドで、作業環境のターミナルから target 側の OpenShift クラスタにログインし、プロジェクトと Secret を作成します。

```
## target 側にログイン
$ oc login --token=sha256~<ランダムな文字列> \
--server=https://api.your-cluster-name.your-domain.com:6443

## プロジェクトを作成
$ oc new-project vm-imported

## host 側に存在する Secret と同様のものを target 側にも作成して適用
$ oc create secret generic public-key --from-file=$HOME/.ssh/id_rsa.pub -n vm-imported
```

7-2-3　マイグレーションプランの作成と実行

　それでは MTV による仮想マシンの移行を実施します。移行には、「マイグレーションプラン」を作成する必要があります。これには以下の要素を含みます。

- 移行先と移行元の関連付け
- 移行対象となる仮想マシンの選択
- クラスタとプロジェクトに展開されているネットワークのマッピング
- StorageClass のマッピング

■ マイグレーションプランの作成

　移行元の OpenShift コンソールを開き、「管理者向け表示」で「Migration」メニューから「Plans for virtualization」を選択します。

240

● 7-2 仮想マシンの移行作業と確認

　先ほどプロバイダの設定を行った「openshift-mtv」プロジェクトが選択されていることを確認してください。次に、右上の「Create Plan」をクリックします（Figure 7-13）。

Figure 7-13　Plans for virtualization を選択

　はじめに移行元となる、ソースプロバイダの設定を行います。ここでは「host」を選択します（Figure 7-14）。

Figure 7-14　移行元の設定

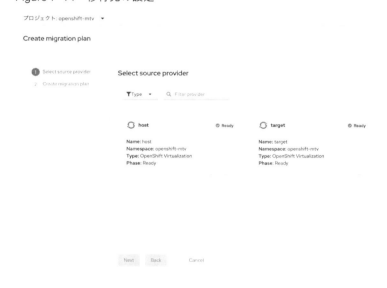

241

第 7 章 仮想マシンの移行

○移行元仮想マシンを選択

「host」に存在する仮想マシンの一覧が表示されます。ここでは「example-mtv-test」を移行対象として選択し、「Next」をクリックします（Figure 7-15）。

Figure 7-15　移行元クラスタを選択

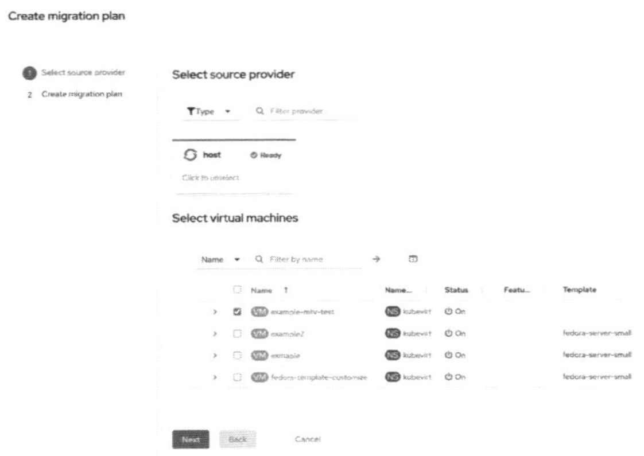

○移行先プロバイダとプロジェクトの選択

続いてマイグレーションプランの情報を設定します。「Plan name」には適当な名称（今回は"migration-plan"としました）を設定します。

「Target provider」には「target」を選択します。また、「Target namespace」では仮想マシンを移行する先のプロジェクトとして「vm-imported」を指定します（Figure 7-16）。

Figure 7-16　マイグレーションプランの作成

● 7-2 仮想マシンの移行作業と確認

○ネットワークとストレージシステムのマッピング

次にネットワークとストレージシステムのマッピングを行います。画面左側の項目が「移行元クラスタ（host）」、右側の項目が「移行先クラスタ（target）」を表します（Figure 7-17）。

まず「Network map」については、「移行元クラスタ」の Pod network と「移行先クラスタ」の Pod network をマッピングします。もし仮想マシンが複数のネットワークに参加している場合、追加のマッピングも可能です。

次に、「Storage map」を設定し、利用するストレージをマッピングします。OpenShift Virtualization においては、移行前後の StorageClass を設定します。「移行元クラスタ」の「ocs-storagecluster-ceph-rbd-virtualization」と「移行先クラスタ」の「gp3-csi」をマッピングします。この設定によって、移行元クラスタで作成された仮想マシンのディスクイメージは、移行先クラスタで異なる StorageClass で再作成されます。

以上で必要な項目が設定されたので、「Create migration plan」をクリックします。

Figure 7-17 Migration Plan の情報を設定

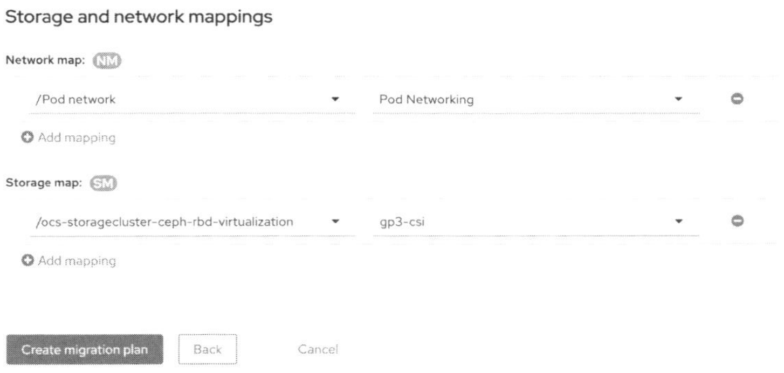

Storage and network mappings

Network map: **NM**

| /Pod network | ▼ | Pod Networking | ▼ | ⊖ |

⊕ Add mapping

Storage map: **SM**

| /ocs-storagecluster-ceph-rbd-virtualization | ▼ | gp3-csi | ▼ | ⊖ |

⊕ Add mapping

[Create migration plan]　[Back]　Cancel

■ マイグレーションプランの実行

マイグレーションプランを作成すると、詳細画面に遷移します。右上の「Start migration」をクリックし、移行を開始します。

確認用のポップアップが表示されるので、「Start」をクリックします（Figure 7-18）。

243

第 7 章　仮想マシンの移行

Figure 7-18　移行の開始

　移行を開始すると進行状況が画面に表示されます。OpenShift Virtualization 間で仮想マシンをマイグレーションする場合、仮想マシンの停止を伴う「コールド移行」となるため、移行元の仮想マシン「example-mtv-test」は停止します。画面上でハイパーリンク「0 of 1 VMs migrated」をクリックするとさらに詳しい進捗状況を確認できます（Figure 7-19）。

Figure 7-19　詳細な進捗状況

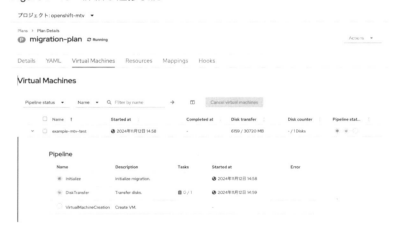

　移行に要する時間は、クラスタ間のネットワークの通信帯域や、仮想マシンのディスクサイズによって変動します。

■ 移行の完了

　移行が成功すると、マイグレーションプランのステータスが「Succeeded」となります（Figure 7-20）。

●7-2 仮想マシンの移行作業と確認

Figure 7-20 移行完了の確認

次項では、移行先クラスタ側で仮想マシンを確認します。

7-2-4　移行された仮想マシンの確認

移行先のOpenShiftクラスタの「管理者向け表示」にて、「Virtualization」メニューから「VirtualMachines」を選択し、「vm-imported」プロジェクトを選択すると、MTVで移行した仮想マシン「example-mtv-test」を確認できます（Figure 7-21）。

Figure 7-21　example-mtv-testを確認

「example-mtv-test」をクリックして仮想マシンの詳細を確認します。

2つめのOpenShiftクラスタ上の仮想マシン「example-mtv-test」はStorageClass「gp3-csi」を用いてプロビジョニングした永続ボリュームを利用しており、RWO（ReadWriteOnce）のPersistentVolumeがマウントされています。そのため、ライブマイグレーションは不可能となっており、ステータスに「Not migratable」と表示されています。

245

第 7 章　仮想マシンの移行

■ マイグレーション後の仮想マシンの状態

それではいくつかのタブから、マイグレーション後の仮想マシンの状態を確認します。

○ Storage の確認

まずはタブ「Configuration」から「Storage」を確認します（Figure 7-22）。

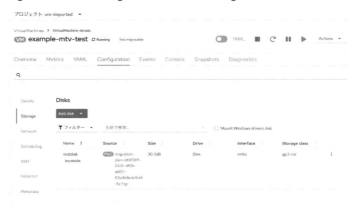

Figure 7-22　「Configuration」から「Storage」を確認

Storage には rootdisk のみが表示されており、移行前の仮想マシンにはマウントされていた cloudinitdisk は存在しません。cloudinitdisk は仮想マシンの初回起動時に初期設定やパッケージインストールを行うための一時的なディスクのため、すでに起動済みの仮想マシンを移行した場合は作成されません。

○ Network の確認

次に現在開いているタブ「Configuration」から「Network」を確認します（Figure 7-23）。

Figure 7-23　「Configuration」から「Network」を確認

vNIC「default」が参加している Overlay Network（Pod Network）や、割り振られている MAC アドレスを確認できます。

この MAC アドレスは当該仮想マシンの vNIC に固有のものであり、移行後も移行前の情報が維持されます。そのため、移行元クラスタで MAC アドレスを確認すると、値が同一であることを確認できます。

○ **クレデンシャルの継承**

次に、タブ「Console」に切り替え、VNC コンソールからログインを行います。このとき、移行後の仮想マシンでは「Guest login credentials」が表示されません（Figure 7-24）。

Figure 7-24　VNC コンソールからログイン

「Guest login credentials」に表示される情報は、仮想マシンを新規作成した際に cloud-init によって設定されたものです。移行後の仮想マシンでは、cloud-init による初期設定は行っていないため、「Guest login credentials」の表示が行われません。ログインするための認証情報は、移行元の仮想マシンの設定がそのまま引き継がれています。移行元クラスタで設定した「Guest login credentials」は以下のとおりでした。

- user: fedora-user
- password: fedora-password

こちらを利用することで移行後の仮想マシンにもログインすることが可能です。VNC コンソールからログインし、移行前に作成したテキストファイル「test.txt」の存在を確認します（Figure 7-25）。

第 7 章 仮想マシンの移行

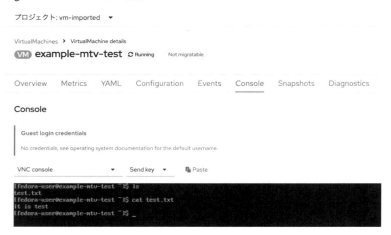

Figure 7-25　test.txt の確認

コマンドの実行結果から、移行前に作成したファイルが、移行後も保持されていることを確認できました。

○ **SSH によるリモート接続**

次に SSH によるリモート接続を確認します。作業環境で以下のコマンドを実行してください。移行後に初めてリモート接続する際には確認を求められるので、「yes」と入力すると仮想マシンにログインできます。

```
## 2 つめの OpenShift クラスタにログイン
$ oc login --token=sha256~<ランダムな文字列> \
--server=https://api.your-cluster-name.your-domain.com:6443

$ virtctl -n vm-imported ssh fedora-user@example-mtv-test \
--identity-file=<path_to_sshkey>
Are you sure you want to continue connecting (yes/no/[fingerprint])? yes
Last login: Wed Nov 13 04:53:18 2024
[fedora-user@example-mtv-test ~]$
```

7-3 まとめ

　本章では「Migration Toolkit for Virtualization（MTV）」を使い、GUI ベースで仮想マシンの移行作業を行いました。MTV を利用することで、移行前後で仮想マシン内のファイルや設定を維持したままホスト間の移行ができます。また、本章の操作では移行元と移行先の双方の環境に OpenShift Virtualization を利用しましたが、MTV を利用することで異なる仮想基盤製品から OpenShift Virtualization への移行も可能です。

　次章では、仮想マシンを Kubernetes ベースのインフラに移行する意義や、移行する上で検討するべき論点について述べます。

　なお、MTV による仮想マシンの移行を確認できたら、2 つめの OpenShift クラスタは削除しておきましょう。削除コマンドは、作業環境のターミナルから以下のとおり実行します。

```
$ openshift-install destroy cluster --dir=./mycluster2
```

第 7 章 仮想マシンの移行

第8章

仮想マシン移行戦略

これまでの章では、OpenShift Virtualization における仮想マシンの特性や操作方法について詳しく解説し、その挙動を理解することを目指してきました。

最終章となる本章では、既存の仮想基盤から新しい仮想基盤に移行する際に必要なプラクティスを紹介します。さらに企業の仮想基盤を「OpenShift Virtualization に移行する意義」を深掘りし、仮想マシンアプリケーションにおける「段階的モダナイゼーション戦略」の有用性についても解説します。

本章を通じて、仮想基盤の移行のポイントを押さえ、移行プロジェクトの計画立案に役立ててください。また、仮想マシンアプリケーションのモダナイゼーションやクラウドの活用を含めた、「IT インフラ全体のモダナイゼーション」についても理解を深めていきましょう。

第 8 章 仮想マシン移行戦略

8-1　仮想基盤の移行におけるプラクティス

本節では、既存の仮想基盤を OpenShift Virtualization に移行する際のプラクティスについて紹介します。全体として、以下の流れで検討を行うと、後で手戻りが少なく移行プロジェクトを進めることができます。

(1) 移行目的の設定
(2) 製品技術の選定
(3) ワークロードアセスメントと実行計画
(4) 運用最適化と人材育成

8-1-1　移行目的の設定

仮想基盤の移行を行う前に、その目的を明確化しておきましょう。つまり、どのような目的のために仮想基盤を移行するのか、新しい仮想基盤でどのような要件を実現したいのか、あらかじめ関係者の中で認識を合わせておく必要があります。

ここでは、実務でもよく見られる以下の 3 つの目的について考えてみましょう。

- コスト削減
- スケーラビリティの獲得
- アプリケーションの可搬性

■ コスト削減

「コスト削減」は非常にわかりやすい目的です。ハイパーバイザ製品のライセンス費用や、物理サーバのコストなど、仮想基盤の費用を削減することを目的に移行を検討する場合、そのコスト削減効果が最も高い製品を選定することが重要です。

■ スケーラビリティの獲得

オンプレミスの仮想基盤であっても、クラウドサービスのようなスケーラビリティを獲得したい場合、従来の製品では実現できない場合があります。そのような場合には、「スケーラビリティの獲得」を目的とした移行も考えられます。

252

● 8-1 仮想基盤の移行におけるプラクティス

たとえば、サーバ製品をリクエストに応じて柔軟に拡張できない場合、リソースの制限によって機会損失を招きます。一方で利用されないリソース（CPU、メモリ、ストレージなど）が余っている場合は、過剰なコストを抱えてしまいます。こうした機会損失と過剰なコストを解消するためには、ハードウェアベンダが提供する従量課金制のソリューションなどを利用し、使う分だけサーバの利用料を支払う PAYG 方式（pay-as-you-go）を実現することも 1 つの選択です。

こうしたスケーラビリティの獲得については、ハイパーバイザ製品のみならず、サーバやストレージ、あるいはネットワーク機器なども含め、仮想基盤を構成するさまざまなコンポーネントを今後どのように調達していくかを、見直す必要があります。

■ アプリケーションの可搬性

「アプリケーションの可搬性」も移行目的の一つに挙げられます。多くの企業はオンプレミスの仮想基盤に加え、複数のパブリッククラウドサービスを利用して IT インフラを構成しています。これらの基盤ごとに採用する技術が異なると、アプリケーションの移行を困難にし、基盤ごとに分断された運用を強いられます。また、アプリケーション開発者は、利用する基盤ごとに異なる技術を学習したり、サービスごとに異なるコンソールの使い方を理解するなど、負担が増えてしまいます。

こうした課題を解決するために、多くの企業は Kubernetes を採用しています。Kubernetes は統一された抽象化レイヤを提供し、アプリケーションが異なる基盤間を自由に移動できる可搬性をもたらします。この仕組みにより、オンプレミスでもクラウドでも一貫した方法でアプリケーションを開発、運用できるハイブリッドクラウドを実現できます。

このように基盤を移行する上では、自社のオンプレミスの仮想基盤やクラウドも含めた IT インフラ全体について、今後どのような方向を目指すのかを検討し、社内のステークホルダと共有することから始めましょう。まずは移行の目的を明確にすることが、移行プロジェクトを成功に導く上で必須のタスクとなります。

8-1-2　製品技術の選定

仮想基盤の移行に関する目的を明確にした後は、その目的を達成するための技術や製品を選定します。

各社が提供する仮想基盤製品は、仮想マシンのライフサイクル管理機能という点において、製品ごとに大きな差はありません。ただし、システム全体としての非機能要件を満たすための機能は、製品ごとに実装方式や採用する技術が異なるため、自社の要件に応じた検討が必要になります。

第 8 章　仮想マシン移行戦略

　以下、独立行政法人情報処理推進機構（IPA）が提唱するシステムの「非機能要求グレード[*1]」に照らし、仮想基盤製品に求められる機能を紹介します。

Table 8-1　仮想基盤製品に求められる機能

No.	非機能要求グレードの大項目	仮想基盤製品に求められる機能
1	可用性	**クラスタリング**：複数のホストマシンを束ねてクラスタ化し、ホストマシンのリソースを冗長化できること
		ライブマイグレーション：実行中の仮想マシンを停止せずに別のホストマシン上へ移動できること
		フェイルオーバー：ホストマシンの障害時に仮想マシンを自動的に別のホストマシン上に移行して再起動できること
		スナップショットとバックアップ：仮想マシンのスナップショットを取得し、データ保全と迅速な復旧が可能であること
		分散リソーススケジューリング：ホストマシンの負荷に応じて仮想マシンを動的に移動し、再配置できること
2	性能・拡張性	**クラスタ拡張**：クラスタに対して物理マシンを容易に追加または削除できる機能を提供し、必要に応じてコンピューティングリソースを柔軟に増減できること
		スケールアウト：負荷に応じて、動的に仮想マシンの台数を増減させ、負荷変動に素早く対応できること
		スケールアップ：起動中の仮想マシンの仮想 CPU や仮想メモリを増加（Hot Add）させたり、ディスクを追加して、仮想マシンを停止することなくリソース増強を柔軟に実施できること
		オーバーコミット：CPU やメモリのリソースを仮想環境で効率的に利用するため、クラスタ全体のリソースを超える割り当てが可能であること
		QoS（Quality of Service）**管理**：仮想マシンごとにリソース利用やネットワーク帯域に対して制限または優先制御し、他の仮想マシンへの影響を抑えられること
		複数ネットワークへの接続：仮想マシンに複数の仮想 NIC を割り当て、異なるネットワークに同時接続することで、用途に応じた柔軟なネットワーク構成をとれること
		アクセラレータ対応：PCI パススルーや SR-IOV に対応し PCIe 物理デバイスと仮想マシンを直接連係させて高性能を実現したり、クラスタに接続された GPU デバイスを仮想マシンに利用させ、大規模な計算処理能力を実現できること
3	運用・保守性	**集中管理コンソール**：仮想環境全体を一元的管理でき、クラスタ管理者が仮想マシンの利用するリソースを可視化・最適化できること
		自動化ツールとの統合：Ansible などの自動化ツールと連係可能な API を提供し、仮想マシンのプロビジョニングや管理を自動化できること
		コードによるインフラ管理：スクリプトやソースコードによって仮想基盤の構成を管理し、ミスを伴う人手の作業に依存することなく、その構築が自動化できること

＊1　https://www.ipa.go.jp/archive/digital/iot-en-ci/jyouryuu/hikinou/ent03-b.html

● 8-1 仮想基盤の移行におけるプラクティス

		監視とアラート：仮想マシンやホストマシンのパフォーマンスをリアルタイムで監視し、問題を通知できること
		ログと監査機能：仮想環境や仮想マシンに対する操作ログを収集・保存・分析できること
4	移行性	移行ツールの提供：異なる種類のハイパーバイザ製品から仮想マシンやネットワーク構成を移行するためのツールが提供されること
		仮想マシンのエクスポート/インポート機能：異なるクラスタ間で仮想マシンをエクスポート/インポートできること
		ハイブリッドクラウド対応：仮想環境をオンプレミスとクラウドの間で統一的に実現できること
5	セキュリティ	仮想マシンの隔離：仮想マシン同士が互いに干渉しないよう、メモリやストレージ、ネットワークの完全な隔離を保証できること
		仮想ディスク暗号化：ストレージシステム上の仮想ディスクを暗号化し、不正アクセスやデータ漏洩を防止できること
		セキュアブート対応：信頼するソフトウェアのみを使用して仮想マシンを起動（ブート）し、許可されていないOSやドライバ、ファームウェアの実行を防げること
		ネットワーク分離とアクセス制御：仮想マシンが参加するネットワーク間で通信を分離し、ポリシーベースで仮想マシンごとのアクセス制御を実施できること
		トラフィック監視・制御：仮想マシンおよび仮想マシンが参加するネットワーク内外のトラフィックをリアルタイムで監視し、不正な通信を遮断できること
		多要素認証：仮想基盤の管理コンソールやAPIエンドポイントにアクセスする際に多要素認証が適用でき、不正なログインを防げること
6	システム環境・エコロジー	複数環境の管理：物理的に離れた複数拠点の仮想環境を統合的に管理したり運用できる機能やオプションサービスが提供されること
		電力管理：ホストマシンと仮想マシン内消費分の電力消費量をモニタリングできること

こうした非機能要件について、既存業務に求められるサービスレベルや、現状の利用状況に照らした上で、新しい製品を選定する必要があります。場合によっては机上検証のみならず、実機検証を通して、自社の仮想基盤が達成すべき非機能要件を確認する必要があります。

8-1-3 ワークロードアセスメントと移行計画

企業における仮想基盤の移行計画には、基盤のみならずその上で動いているミドルウェアやアプリケーションを含めたワークロード全体の特性を考慮する必要があります。

まずは現状の仮想マシンワークロードに対するアセスメントと、それに基づく移行順序や優先順位付けを行うことから始めましょう。仮想マシンの移行は、移行が容易なものから先行して実施し、新しい基盤とその上で動く仮想マシンの運用に慣れた上で、より難易度の高いものを移行します。

255

第 8 章 仮想マシン移行戦略

　移行の容易性や優先順位の特定には、各ワークロードの分類が必要です。ここでワークロードを分類する考え方の一例を紹介します。

Table 8-2　ワークロードの分類

分類基準	具体例	移行に際しての観点
OS 種別と バージョン	● Red Hat Enterprise Linux 8 ● Windows Server 2019 など	移行後のハイパーバイザ上で動作サポートされる OS バージョンであるかを確認する また、商用サポートの期限が近いものから移行し、移行後に OS バージョンアップを優先的に行う
仮想マシンの用途	■共通インフラ系 ● DNS サーバ ● NTP サーバ ● メールサーバ ● ログサーバ（Syslog など） ● モニタリングサーバ（Zabbix など） ● 認証サーバ（LDAP、SAML など）	「共通インフラ系」は仮想基盤上の多くのシステムに重大な影響力を持つため、最優先で安定稼働を保証し、冗長化や分散化を実施する 移行元の環境に引き続き必要であれば、移行ではなくサーバ追加を行って既存のメンバに加える
	■フロントエンド系 ● プロキシサーバ ● Web サーバ ● キャッシュサーバ	「フロントエンド系」は容易に分散配置が可能なため、最も移行リスクが低く、先行的なテスト移行にも向く
	■バックエンド系 ● アプリケーションサーバ ● データベースサーバ ● ファイルサーバ ● メッセージバス/MQ ● その他パッケージ製品用途	「バックエンド系」はパフォーマンスとデータ整合性を重視した慎重な計画が必要な対象である 周辺システムとの関連性も意識し、移行タイミングを考慮する
	■その他 ● 踏み台サーバ ● テスト/サンドボックス環境サーバ	「その他」はシステムが提供するサービス品質に直接影響しないため、移行リスクが低く、先行的なテスト移行にも向く
仮想ディスクのサイズ	● サイズ ● IOPS 要件	各仮想マシンをディスクサイズごとに大中小で分類し、テスト移行結果を踏まえて仮想マシンごとのデータ移行に関わる時間の目安を割り出す。これにより移行順序の検討に利用する I/O の要件から、高速ストレージ製品や RDMA の要否を確認し、仮想マシンごとの移行時の制約条件を明らかにしておく

256

● 8-1 仮想基盤の移行におけるプラクティス

仮想マシンの稼働状態	● 常時稼働 ● 定時稼働 ● 非稼働	常に稼働させる必要があるのか（常時稼働）、業務時間内のみの稼働でよいのか（定時稼働）、あるいは必要なときのみ起動すればよいのか（非稼働）を整理し、定時稼働や非稼働の仮想マシンから優先的に移行させる
サービスの可用性	● ミッションクリティカル ● ビジネスクリティカル ● ノンクリティカル	ダウンタイムが許容されないミッションクリティカルな仮想マシンは最も慎重に移行を計画する。業務上重要だが、短時間の停止や業務時間外の停止が可能なビジネスクリティカルや、業務への影響度が低いノンクリティカルな仮想マシンから優先的に移行を検討する
システムの依存性	● 特定ハードウェアやソフトウェアとの依存関係の有無 ● 対向システムとの常時接続の要否	特定のハードウェアやソフトウェアとの依存関係や、対向する他システムとの常時接続要件がないものから優先的に移行を検討する 一方で、そうした要件が存在する依存関係の強いワークロードは、慎重に移行を検討する

　新しい仮想基盤の構築が完了したら、作成した移行計画に沿って仮想マシンを移行します。その際、新旧基盤間でのネットワークの疎通状況や、ストレージ製品との接続状況も確認します。移行ツールを利用する場合は、仮想マシンのデータコピー時に十分なネットワーク帯域が確保されているかを確認しておきます。

　また、移行前には仮想マシンはデータをバックアップしておいてください。これにより、万が一移行が途中で失敗した場合でも、リカバリ計画を実行できます。

　移行の実行においては、サービス影響リスクが低いものから開始することが推奨されます。ミッションクリティカルやビジネスクリティカルな仮想マシンについては、ユーザへの影響を最小限に抑えることが重要です。特に実務においては、移行のメンテナンス時間内にすべての仮想マシンが移行できるかを監視することも必要です。

8-1-4　運用最適化と人材育成

　本格的な運用が始まった後は、運用の最適化を進め、省力化と安定性の確保を目指します。本項では、「運用最適化」と「人材育成」の観点から具体例を挙げて解説します。

■ 運用最適化

　まずは「運用最適化」についていくつか例を挙げます。

第 8 章　仮想マシン移行戦略

○リソースの最適化

　仮想基盤の効率的な運用には、リソース利用状況の継続的な監視が不可欠です。具体的には、各ワークロードのリソース利用率を分析し、不要なリソース割り当てを防ぐ一方で、リソースの逼迫した状態が発生しないよう管理します。たとえば、特定のホストマシンに負荷が集中している場合は、仮想マシンの配置を見直したり、クラスタを拡張するなどの対応を行います。

○運用の自動化

　定期的に必要な運用作業（仮想マシンのプロビジョニング、バックアップ、パッチ適用など）を自動化することで、運用の効率と信頼性を向上させます。たとえば、Ansible などの自動化ツールを活用することで、人的ミスを削減し、作業負担を軽減できます。また、セルフサービスポータルを導入し、開発者が必要なリソースを自分でプロビジョニングできる仕組みを提供することで、仮想基盤を運用する担当者の作業量を減らすことが可能です。

○アプリケーションチームの移行支援

　仮想基盤上のリソースを利用するアプリケーションチームの移行をスムーズに進めるための支援はとても重要です。具体的には、移行手順やドキュメントを整備し、メンバが新しい基盤に簡単に移行できるようにサポートします。さらに、移行を促進するための問い合わせ窓口やサポート体制を整備することで、業務への影響を最小限に抑え、旧基盤との併存期間を短縮することが可能です。これにより、運用の負担軽減とコスト削減が期待できます。

■ 人材育成

　最後に「人材育成」についても計画を立てましょう。担当者が、新しい仮想基盤を運用する上で必要な技術の習得や業務知識の獲得を継続することは、仮想基盤の安定性確保においても重要な観点です。ここでも具体的な施策をいくつか挙げます。

○トレーニングプログラムとベストプラクティスの活用

　製品ベンダが提供するトレーニングや資格制度を活用することで、運用担当者が基盤の特徴や機能を正しく理解し、効率的な運用を実現できます。また、ベンダやコミュニティが提供するベストプラクティスを取り入れることで、適切なタイミングでハイパーバイザ製品をアップグレードし、迅速なセキュリティ対応や新機能を取り入れた運用効率の向上が図れます。

○ドキュメントの定期的な見直し

運用担当者は、運用に関わるドキュメントが陳腐化していないか、自動化した方がよい作業があるか定期的に確認し、属人的な運用の排除に努めます。たとえば、新規メンバの OJT としてドキュメント更新を担当してもらうことで、業務理解を深めるとともに、新しい視点からの改善が反映された実践的なドキュメントを整備できます。

○知見や技術の共有

基盤を運用するチーム内での情報共有を促進し、新しい技術や運用方法に迅速に対応できる体制を構築します。これによって万が一のシステムトラブル発生時にも組織全体で柔軟に対応でき、オペレーショナルレジリエンス[2]の向上につながります。

新しい仮想基盤への移行後も「運用最適化」と「人材育成」を継続的に実施することで、基盤を効率的に運用できる体制を構築し、IT インフラの安定性向上と運用コスト削減の両立を目指しましょう。

8-2　OpenShift Virtualization に移行する意義

既存の仮想基盤製品から、OpenShift Virtualization への置き換えは有力な選択肢です。
本節ではその理由について以下の 3 つの観点から考えていきます。

(1) 仮想基盤とコンテナ基盤の統合

(2) Infrastructure as Code の推進

(3) 段階的モダナイゼーションの推進

8-2-1　仮想基盤とコンテナ基盤の統合

企業の IT インフラの中に、すでに仮想基盤とコンテナ基盤が混在している場合、その両方を統一できる OpenShift Virtualization は、TCO（Total Cost of Ownership）の最適化を目指す上で有力な選択肢です。「1-4-2 KubeVirt のメリット」でも触れたとおり、仮想マシンとコンテナを基盤レベルで分断することは、企業の限られた経営資源の分散を招き、IT インフラコストの最適化を阻みます。なぜなら、基盤を構成するソフトウェアやハードウェアを個別に調達したり管理するため、運用担当者もそれぞ

＊ 2　https://www.fsa.go.jp/news/r4/ginkou/20230427/02.pdf

れ必要になるからです。

ITインフラの共通化および開発運用に従事する人材を統合することは、企業の経営資源の非効率性を解消し、より付加価値の高い事業に投資する余力を生みます。

8-2-2　Infrastructure as Code の推進

ITインフラの環境構成や状態をコードとして管理するInfrastructure as Code（IaC）という考え方があります。IaCを実現することで以下のメリットを享受できます。

- 複数の環境に分散するITインフラの一貫性の確保
- 基盤再構築の容易性の実現
- 人手に依存した設定ミスの低減
- セキュリティインシデントの迅速な検知と対応

OpenShift Virtualizationを活用することで、仮想環境の構成や状態をYAMLファイルで管理することが可能です。これにより、第6章で実施したようにGitOpsによる仮想マシンの管理を実現できます。さらに、IaCスキャンツールなどと連携し、脆弱な設定や構成エラーを検出して修復することも可能です。

OpenShift Virtualizationを導入することで、仮想基盤全体に対するInfrastructure as Codeの推進につながります。その結果、仮想環境の運用負荷低減や設定ミスの削減、さらにセキュリティ対応を含めた幅広いメリットを享受できます。

8-2-3　段階的モダナイゼーションの推進

「段階的モダナイゼーションの推進」は、OpenShift Virtualizationを採用することで得られる大きなメリットの一つです。OpenShift Virtualizationを活用することで、仮想マシンをコンテナ基盤に移行でき、アプリケーションのアーキテクチャを変更せずに運用を開始できます。その後、自社のペースに合わせて、将来的にアプリケーションをコンテナ化し、モダナイゼーションを進めていくことが可能です。なお、アプリケーションをコンテナ化することで得られる代表的なメリットは「1-2-5 コンテナによる仮想化」でも触れています（Table 8-3）。

● 8-2 OpenShift Virtualization に移行する意義

Table 8-3　アプリケーションをコンテナ化する代表的なメリット

代表的なメリット	詳細
可搬性	コンテナはアプリケーションとその依存関係（ライブラリや設定ファイル）を1つのイメージにまとめ、異なる環境でも同じ動作を保証します。これによりオンプレミスや複数のクラウド上でアプリケーションが同様に動作できます
リソースの効率化	コンテナはインスタンスの中にカーネルを含んでおらず、仮想マシンと比較してオーバーヘッドが少ないため、同じコンピューティングリソース上でより多くのアプリケーションが実行できます
スケーラビリティの向上	コンテナは、その軽量性から必要なときに短時間でスケールアウトすることができるため、アクセス負荷時にも柔軟に対応できます
アジリティの向上	コンテナは特定のインフラ環境に依存しないイメージとして管理できるため、開発、テスト、本番環境の差分に依存せず、リリースまでの時間短縮が可能になります。また、継続的インテグレーション/デリバリ（CI/CD）と組み合わせることで、自動化されたリリースが実現できます
耐障害性の強化	Kubernetes が提供するフェイルオーバー機能や自己修復機能を使うことにより、サービスの継続性が向上します。また、アプリケーションを小さな単位に分割（マイクロサービス化）することで、特定のコンポーネントに障害が発生しても、他のサービスへの影響を極小化できます

　ただし、システムを構成するすべてのコンポーネントを一度にコンテナ化することは、多大な労力を伴います。OpenShift Virtualization を利用することで、すべてを一度にコンテナ化する必要はなくなり、仮想マシンとの混在状態を許容することができます。つまり、あるシステムにおいて「フロントエンドはコンテナ化したが、バックエンドはまだ仮想マシンのまま」といった仮想マシンとコンテナの混在状態を許容しつつ運用を続けることができます。

　こうしたモダナイゼーションの進め方を本書では「段階的モダナイゼーション戦略」と呼称します。「段階的モダナイゼーション戦略」は Table 8-4 に示す3つのステップから成り立ちます。

Table 8-4　段階的モダナイゼーション戦略の3つのステップ

ステップ概要	詳細
1. インフラを Kubernetes に変更	アプリケーションのアーキテクチャは仮想マシンのまま変更せずに、インフラだけを OpenShift Virtualization を使って、Kubernetes ベースに切り替えます
2. ステートレスなシステムのモダナイズ	アプリケーションを構成するコンポーネントにおいて、ステートレスなサービスからコンテナ化を進めます （例：フロントエンドアプリケーションなど）
3. システム全体のモダナイズ	最終的にすべてのコンポーネントをコンテナ化し、アプリケーションのモダナイゼーションを完遂します

　これらのステップに沿った「段階的モダナイゼーション戦略」によって、企業は「移行リスクの低減」と「クラウドリフトの容易性の獲得」というメリットを得られます。

261

第 8 章 仮想マシン移行戦略

■ 移行リスクの低減

プラットフォームのみを Kubernetes に変更し、OpenShift Virtualization によってアプリケーションは従来の仮想マシンを前提としたアーキテクチャを踏襲することで、アプリケーションの移行リスクを低減できます。

インフラとアプリケーションを同時にクラウドネイティブなアーキテクチャへ移行する「ビッグバンアプローチ」は、迅速なモダナイゼーションを可能にしますが、高い移行リスクを伴う点に注意が必要です。特に、新旧システムを一度に切り替える場合、大規模な試験作業が求められるため、計画的な準備と十分なリソースの確保が必要になります。

サービスを継続しながらアプリケーションのモダナイゼーションを推進したい場合、ビッグバンアプローチよりも「段階的なモダナイゼーション」の方が、移行時のリスクを分散できます。

特に、アプリケーションのモダナイズには多くの人材や費用を要します。これらを有効に活用するためには、プラットフォームの変更に追われながらアプリケーションをコンテナ化するのではなく、ある程度時間を要したとしても、自分たちのペースで徐々にコンテナ化していくことが望まれます。

「段階的モダナイゼーション」は、企業のリソースを有効活用し、移行リスクを低減したモダナイゼーションを推進するのに適しています。

■ クラウドリフトの容易性の獲得

仮想基盤上にあるアプリケーションをクラウドへ移行し、クラウドのスケーラビリティを活用したアーキテクチャに変革するアプローチは、一般に以下の 3 つの段階に分けられます。

- リフト：アプリケーションに採用する技術スタックやシステムのアーキテクチャを変更せず、IT インフラをオンプレミスの仮想基盤からクラウドへ移行する。
- シフト：リフトによって移行したクラウド環境において、クラウドが提供するマネージドサービスなどのソリューションを活用し、アプリケーションを新しい IT インフラに最適化する。
- リファクタ：アプリケーションのコードやアーキテクチャを根本的に見直し、クラウドネイティブな技術を活用して最適化を行う。これには、マイクロサービスアーキテクチャへの移行、コンテナ化、サーバレス技術の導入などが含まれる。

しかし、このアプローチの難点は、「リフト」から「シフト」や「リファクタ」に移行しにくい点にあります。アプリケーションのアーキテクチャをまったく見直さずにクラウドへリフトすることは、大きな労力を伴います。具体的には、以下のような課題が発生します。

262

● 8-2 OpenShift Virtualization に移行する意義

▷ 既存の仮想基盤の IP アドレス空間をクラウド上で再現するための設計作業
▷ オンプレミスに残る基幹系システムとの閉域接続の確立やセキュリティ対応
▷ 利用するサーバ OS やミドルウェアのバージョンがクラウド上でサポート対象外となる場合の更新対応や無影響確認試験の実施

このような課題により、「リフト」だけで予算や人的リソース、工数を膨大に消費し、その後の「シフト」への対応が困難になるケースが少なくありません。このような理由から、当初想定していたモダナイゼーション戦略が計画通りに進まない事例が国内外の企業で散見されます。

こうした課題を解決する方法として、「段階的モダナイゼーション戦略」が有効です（Figure 8-1）。

Figure 8-1　段階的モダナイゼーション戦略

この戦略では、まず仮想基盤を Kubernetes ベースのインフラへ移行（モダナイズ）します。その際に OpenShift Virtualization を活用することで、既存の仮想マシンアプリケーションのアーキテクチャを変更せずに移行が可能になります。

Kubernetes ベースのインフラは、単なる仮想基盤（ハイパーバイザ）に留まらず、「リファクタリングのための基盤」としても活用できます。OpenShift Virtualization を使えば、仮想マシンとコンテナを同じ環境で混在させることができるため、企業は自社のペースで段階的にアプリケーションのコンテナ化を進めることができます。

OpenShift Virtualization を活用した「段階的モダナイゼーション戦略」は、従来の「リフト、シフト、リファクタ」の課題を解消しながら、企業の IT インフラ全体を統合的にモダナイズできます。

第 8 章 仮想マシン移行戦略

8-3 まとめ

　本章では、仮想基盤を移行するプラクティスについて紹介しました。また、仮想基盤を OpenShift Virtualization に変更する意義や、得られるメリットについて説明しました。IT モダナイゼーションやハイブリッドクラウド戦略の推進に、仮想基盤の Kubernetes 化はおおいに寄与します。

　オンプレミスの仮想基盤は企業の IT インフラにおける重要な地位を占めています。そして、「仮想基盤を今後どのように変革させるのか？」は企業の IT 投資戦略や、IT 人材育成にも関わる命題です。そのため仮想基盤の移行に際しては、社内の各種ステークホルダと共有できる明確な目的を設定し、事前のアセスメントを踏まえた着実な移行計画を立案し、推進することが重要です。

　次世代の仮想基盤である OpenShift Virtualization が皆様のビジネスの土台となり、おおいに貢献することを願います。

264

索引

A

Agent-base Install · 45
Amazon EBS · 89
Amazon Route 53 · 48
Application リソースの作成 · · · · · · · · · · · · · · 224
Argo CD · 220
Assisted Install · 45
AWS CLI · 46
AWS アカウントの作成 · · · · · · · · · · · · · · · 41
AWS サービスクォータ · · · · · · · · · · · · · · · 49

B

Block · 92
Bridge · 186, 194
Bridge プラグイン · · · · · · · · · · · · · · · · · · · 189

C

CD-ROM · 104, 176
CDI Operator · 180
Citrix Hypervisor · 16
cloud-controller-manager · · · · · · · · · · · · · · · 24
cloud-init · 108
cloud-init Config Drive · · · · · · · · · · · · · · · 179
cloud-init NoCloud · · · · · · · · · · · · · · · · · · 179
cloud-init の反映状況 · · · · · · · · · · · · · · · · 114
cloudInitNoCloud · · · · · · · · · · · · · · · · · · · 178
Cluster Network Addons Operator · · · · · · · · · 62
Compute ノード · 24
ConfigMap · 21, 179
Container Disk · 179
Container Runtime · 25
Container Storage Interface · · · · · · · · · · · · · · 88
containerDisk · 178
Containerized Data Importer (CDI) · · · · · · · · · 62

Control Plane ノード

Control Plane ノード · · · · · · · · · · · · · · · · · · 24
Controller Manager · · · · · · · · · · · · · · · · · · · 24
CPU · 66
CPU Manager のポリシー設定 · · · · · · · · · · 168
CPU/Memory の割り当て · · · · · · · · · · · · · 157
CPU ピニング · · · · · · · · · · · · · · · · · 167, 170
CSI ドライバ · 92

D

Data Volume · 179
DataSource リソース · · · · · · · · · · · · · · · · · 183
DataVolume の設定 · · · · · · · · · · · · · · · · · · 180
Deployment · 21
Disk · 104
Disks · 103
Downward Metrics · · · · · · · · · · · · · · · · · · · 179

E

Empty Disk · 179
Environment · 99
Ephemeral · 179
etcd · 24

F

Filesystem · 91
Forklift · 228

G

GitOps · 219

H

Host Disk · 179
Hostpath Provisioner (HPP) Operator · · · · · · · 62
Huge Page · 171

265

索引

Huge Page の有効化・・・・・・・・・・・・・・・171

I

I/O・・・・・・・・・・・・・・・・・・・・・・・66
IAM ユーザの作成・・・・・・・・・・・・・・・42
Infrastructure as Code・・・・・・・・・・・260
install-config.yaml・・・・・・・・・・・・・51
Interface・・・・・・・・・・・・・・・・・・105
IPI (Installer-Provisioned Infrastructure)・・・・45
IPI インストール・・・・・・・・・・・・・46, 50
IP マスカレード・・・・・・・・・・・・・・・186
ISO・・・・・・・・・・・・・・・・・・・・・67
IT インフラの仮想化・・・・・・・・・・・・・12

K

Kernel Samepage Merging・・・・・・・・・・173
KSM の有効化・・・・・・・・・・・・・・・・174
kube-apiserver・・・・・・・・・・・・・・・24
kube-proxy・・・・・・・・・・・・・・・・・24
kubelet・・・・・・・・・・・・・・・・・・・24
Kubemacpool・・・・・・・・・・・・・・・・187
Kubernetes・・・・・・・・・・・・・20, 21, 87
Kubernetes Operator・・・・・・・・・・・・23
Kubernetes クラスタのアーキテクチャ・・・・・24
Kubernetes のスナップショット作成機能・・・137
Kubernetes のリソース・・・・・・・・・・・21
KubeVirt・・・・・・・・・・・・・・・・・・30
KubeVirt Operator・・・・・・・・・・・・・62
KubeVirt のアーキテクチャ・・・・・・・・・34
KubeVirt のコンポーネント・・・・・・・・・34
KubeVirt のメリット・・・・・・・・・・・・28
KubeVirt プロジェクト・・・・・・・・・・・28
KVM・・・・・・・・・・・・・・・・・11, 16
KVM 仮想化・・・・・・・・・・・・・・・・・16

L

L2 over L3・・・・・・・・・・・・・・・・・69
libvirt・・・・・・・・・・・・・・・・・・・17
libvirtd・・・・・・・・・・・・・・・・・・・17
limits・・・・・・・・・・・・・・・・・・・・91
limits の自動設定・・・・・・・・・・・・・160
limits の設定・・・・・・・・・・・・・・・158
Linux Bridge プラグイン・・・・・・・・・189
localnet・・・・・・・・・・・・・・・・・・194
LUN・・・・・・・・・・・・・・・・・105, 176

M

Memory のオーバーコミット・・・・・・・・163
Memory の設定・・・・・・・・・・・・・・162
Migration Toolkit for Virtualization・・・・・228
Migration Toolkit for Virtualization Operator
・・・・・・・・・・・・・・・・・・・・・231
MTV・・・・・・・・・・・・・・・・・・・228
MultiNetworkPolicy・・・・・・・・・・・・192
MultiNetworkPolicy の有効化・・・・・・・193
Multus・・・・・・・・・・・・・・・・・・188

N

NAD のスコープ・・・・・・・・・・・・・・197
Network・・・・・・・・・・・・・・・・・・246
Network Interfaces・・・・・・・・・・・・100
Network の設定・・・・・・・・・・・・・・184
NMState Operator・・・・・・・・・・・・・190
NMState Operator のインストール・・・・・190
NNCP の設定・・・・・・・・・・・・・・・191
Node.js・・・・・・・・・・・・・・・・・・207
NodeAffinity・・・・・・・・・・・・・・・・97
deSelector・・・・・・・・・・・・・・・・・97

O

oc expose コマンド・・・・・・・・・・・・209
ODF・・・・・・・・・・・・・・・・・・・・59
OpenShift CLI・・・・・・・・・・・・・・・46
OpenShift Cluster Manager・・・・・・・・・47
OpenShift Data Foundation・・・・・・・59, 90
OpenShift GitOps のインストール・・・・・220
OpenShift installer CLI・・・・・・・・・・・46
OpenShift Virtualization・・・・・・・・65, 259
OpenShift Virtualization のインストール・・・61
OpenShift Virtualization の導入・・・・・・・33
OpenShift クラスタ・・・・・・・・・・・45, 55
OpenShift クラスタの構築・・・・・・・・・54
Operator・・・・・・・・・・・・・・23, 59, 62
overlay・・・・・・・・・・・・・・・・・・197
Overview・・・・・・・・・・・・・・・・・・97
OVN-Kubernetes CNI・・・・・・・・・・・・69
OVN-Kubernetes セカンダリネットワーク
・・・・・・・・・・・・・・・・・・192, 196

索引

P

package_update · 111
package_upgrade · 111
packages · 111
PersistentVolume · · · · · · · · · · · · · · · · · 22, 88
PersistentVolumeClaim · · · · · · · · · · · 22, 88
Pod · 21
Pod Anti-Affinity · 98
PodAffinity · 98
Pod に設定されたリソース · · · · · · · · · · · · · · 158
Pod の状態 · 115
Pod へのリソース割り当て · · · · · · · · · · · · · · 152
PostgreSQL のインストール · · · · · · · · · · 205
Provider resource name · · · · · · · · · · · · · 234
Provisioner · 88, 92
PVC · 179

Q

QCOW2 · 67
QEMU · 16
QoS · 254

R

RAW 形式 · 67
Red Hat Virtualization · · · · · · · · · · · · · · · · 16
Red Hat アカウントの作成 · · · · · · · · · · · · · · 44
ReplicaSet · 21
requests · 91
runcmd · 111

S

SATA · 105, 176
Scheduler · 24
Scheduling · 97
Script · 108
SCSI · 105, 176
Secret · 21, 179
Service · 21, 209
Service account bearer token · · · · · · · · · · · 234
Service Account トークンの作成 · · · · · · · · · 236
ServiceAccount · 179
Service の作成 · 206
spec.accessMode · 91
spec.resources · 91

spec.storageClassName · · · · · · · · · · · · · · · · 91
spec.volumeMode · 91
SR-IOV · 186
SSH · 248
ssh_pwauth · 111
SSH 公開鍵の登録 · · · · · · · · · · · · · · · · 108, 111
SSP Operator · 62
Storage · 246
StorageClass · 88, 106
Storage の設定 · 175
Sysprep の設定 · · · · · · · · · · · · · · · · · · 108, 113

T

Template · 72, 169
Tolerations · 97
Type1（ハイパーバイザの種類）· · · · · · · · · · · 15
Type2（ハイパーバイザの種類）· · · · · · · · · · · 15

U

UPI (User-Provisioned Infrastructure) · · · · · · 45
URL · 234

V

Virt API · 34, 35
Virt controller · 34, 35
Virt handler · 34, 35
Virt launcher · 34
Virt launcher Pod の CPU · · · · · · · · · · · · · 161
Virt launcher Pod の起動 · · · · · · · · · · · · · · · 37
Virt launcher Pod のリソース · · · · · · · · · · · 158
virtctl CLI のインストール · · · · · · · · · · · · · · 116
VirtIO · 105, 176
VirtualMachine · · · · · · · · · · · · · · · · · · · 155, 172
VirtualMachineInstance リソースの QoS Class
· 159
VirtualMachine リソースの作成 · · · · · · · · · · · 35
VMware vSphere · 16
VolumeSnapshot · 86

Y

YAML · 22, 113
YAML ファイル · 76, 80

267

索引

あ

アカウントの準備 ・・・・・・・・・・・・・・・・・・・・・ 41
アクセスキー ・・・・・・・・・・・・・・・・・・・・・・・・ 42
アクセラレータ対応 ・・・・・・・・・・・・・・・・・・ 254
アジリティ ・・・・・・・・・・・・・・・・・・・・・・・・・ 261
アプリケーション実行の自動化 ・・・・・・・・ 219
アプリケーションチームの移行支援 ・・・・・ 258
アプリケーションの可搬性 ・・・・・・・・・・・・ 253
アプリケーションの起動 ・・・・・・・・・ 204, 208
アプリケーションの構成 ・・・・・・・・・ 202, 212
アプリケーションの実行 ・・・・・・・・・ 201, 202
アプリケーションへのアクセス ・・・・・・ 210, 217

い

移行先 OpenShift クラスタ ・・・・・・・・・・・・ 230
移行先クラスタの事前準備 ・・・・・・・・・・・・ 240
移行先プロバイダ ・・・・・・・・・・・・・・・・・・ 242
移行された仮想マシン ・・・・・・・・・・・・・・・ 245
移行する仮想マシン ・・・・・・・・・・・・・・・・・ 237
移行性 ・・・・・・・・・・・・・・・・・・・・・・・・・・ 255
移行ツールの提供 ・・・・・・・・・・・・・・・・・・ 255
移行の完了 ・・・・・・・・・・・・・・・・・・・・・・・ 244
移行目的の設定 ・・・・・・・・・・・・・・・・・・・ 252
移行元仮想マシン ・・・・・・・・・・・・・・・・・・ 242
移行リスクの低減 ・・・・・・・・・・・・・・・・・・ 262
一時停止 ・・・・・・・・・・・・・・・・・・・・ 126, 130
一時停止や再起動 ・・・・・・・・・・・・・・・・・・ 126
インターフェース種別 ・・・・・・・・・・・・・・・ 185

う

ウォーム移行 ・・・・・・・・・・・・・・・・・・・・・ 229
運用/保守性 ・・・・・・・・・・・・・・・・・・・・・・ 254
運用最適化 ・・・・・・・・・・・・・・・・・・・・・・・ 257
運用の自動化 ・・・・・・・・・・・・・・・・・・・・・ 258

お

オーバーコミット ・・・・・・・・・・・・・・ 161, 254
オーバーレイネットワーク ・・・・・・・・・・・・・68

か

カーネル空間 ・・・・・・・・・・・・・・・・・・・・・・ 17
カスタマイズ結果 ・・・・・・・・・・・・・・・・・・ 113
カスタマイズした仮想マシンの作成 ・・・・・・ 96
仮想化技術 ・・・・・・・・・・・・・・・・・・・・・・・・ 11

仮想化技術の歴史 ・・・・・・・・・・・・・・・・・・・ 13
仮想基盤 ・・・・・・・・・・・・・・・・・・・・・・・・ 259
仮想基盤の移行 ・・・・・・・・・・・・・・・・・・・ 252
仮想ディスク ・・・・・・・・・・・・・・・・・・・・・・ 67
仮想ディスク暗号化 ・・・・・・・・・・・・・・・・ 255
仮想マシン ・・・・・・・・・・・ 13, 14, 66, 117, 119
仮想マシン移行戦略 ・・・・・・・・・・・・・・・・ 251
仮想マシン間の接続確認 ・・・・・・・・・・・・・ 217
仮想マシン起動時の動き ・・・・・・・・・・・・・・ 35
仮想マシン終了時の動き ・・・・・・・・・・・・・・ 39
仮想マシンの IP アドレス設定 ・・・・・・・・・・ 198
仮想マシンの移行 ・・・・・・・・・・・・・・・・・・ 227
仮想マシンの移行環境 ・・・・・・・・・・・・・・・ 228
仮想マシンの移行作業 ・・・・・・・・・・・・・・・ 237
仮想マシンのインターフェース設定 ・・・・・・ 184
仮想マシンのエクスポート/インポート機能
・・・・・・・・・・・・・・・・・・・・・・・・・・・・・・ 255
仮想マシンの隔離 ・・・・・・・・・・・・・・・・・・ 255
仮想マシンのカスタマイズ ・・・・・・・・・・・・・95
仮想マシンの稼働状態 ・・・・・・・・・・・・・・・ 257
仮想マシンの起動 ・・・・・・・・・・・・・・・・・・・ 38
仮想マシンの構築 ・・・・・・・・・・・・・・・・・・ 155
仮想マシンの作成 ・・・・・・・・・・・・・・・・・・・ 69
仮想マシンの準備 ・・・・・・・・・・・・・・・・・・ 202
仮想マシンの状態管理 ・・・・・・・・・・・・・・・ 123
仮想マシンの接続 ・・・・・・・・・・・・・・・・・・ 215
仮想マシンの設定 ・・・・・・・・・・・・・・・・・・ 214
仮想マシンの操作 ・・・・・・・・・・・・・・・・・・・ 73
仮想マシンのディスク設定 ・・・・・・・・・・・・ 175
仮想マシンのネットワーク ・・・・・・・・・・・・・68
仮想マシンのライブマイグレーション ・・・・・ 143
仮想マシンへの NIC の設定 ・・・・・・・・・・・ 215
可搬性 ・・・・・・・・・・・・・・・・・・・・・・・・・・ 261
可用性 ・・・・・・・・・・・・・・・・・・・・・・・・・・ 254
監視とアラート ・・・・・・・・・・・・・・・・・・・ 255

き

起動可能な仮想マシン ・・・・・・・・・・・・・・・ 165

く

クラウドネイティブな仮想基盤 ・・・・・・・・・・ 27
クラウドリフト ・・・・・・・・・・・・・・・・・・・・ 262
クラスタ拡張 ・・・・・・・・・・・・・・・・・・・・・ 254
クラスタリング ・・・・・・・・・・・・・・・・・・・・ 254
クレデンシャルの継承 ・・・・・・・・・・・・・・・ 247

索引

け

ゲスト OS ······················67

こ

コードによるインフラ管理··············254
ゴールデンイメージ················86
コールド移行···················229
コスト削減····················252
コンテナ···················18, 25
コンピュートリソースの設定 ·········167
コンピュートリソースの割り当て ·······152

さ

サーバ証明書···················57
サービスの可用性················257

し

システムの依存性················257
自動化ツール···················254
シフト······················262
時分割多重化····················13
集中管理コンソール···············254
状態管理の挙動··················123
人材育成·····················258

す

スケーラビリティ ············252, 261
スケールアウト··················254
スケールアップ··················254
ステートフルなワークロード············26
ストレージシステム················87
スナップショット ··········131, 140, 254

せ

静的プロビジョニング···············92
性能/拡張性····················254
製品技術の選定··················253
セカンダリネットワーク·············212
セカンダリネットワークの作成 ·········213
セキュアブート対応···············255
セキュリティ···················255

た

耐障害性·····················261
多要素認証····················255
段階的モダナイゼーション ···········260
段階的モダナイゼーション戦略 ·········261

ち

知見や技術の共有················259

つ

追加ネットワークの作成·············188

て

停止·······················130
ディスク··················67, 176
ディスクイメージ·················83
データベースの構築···············204
データベースの作成···············205
データベースへのアクセス許可 ········206
データベースへの接続設定···········208
データベース用 cloud-init スクリプト ····223
データベース用の仮想マシンの作成 ······203
デフォルト StorageClass············107
デプロイ対象のリソース·············222
電力管理·····················255

と

動的プロビジョニング···············92
ドキュメントの定期的な見直し ········259
トラフィック監視/制御··············255
トレーニングプログラム·············258

ね

ネットワークインターフェースの追加 ·····214
ネットワーク設定················187
ネットワーク設定結果··············216
ネットワークとストレージシステムのマッピン
グ ······················243
ネットワークの設定···············215
ネットワークの追加···············188
ネットワーク分離················255

索引

の

ノードごとの仮想マシン数 · · · · · · · · · · · · · · · 163

は

ハイパーバイザ · 14
ハイパーバイザの種類 · · · · · · · · · · · · · · · · 15
ハイブリッドクラウド対応 · · · · · · · · · · · · · 255

ふ

ファイルシステム · · · · · · · · · · · · · · · · · · · 176
フェイルオーバー · · · · · · · · · · · · · · · · · · · 254
複数環境の管理 · 255
複数ネットワーク · · · · · · · · · · · · · · · · · · · 254
プロジェクトの作成 · · · · · · · · · · · · · · · · · · 71
プロバイダの設定 · · · · · · · · · · · · · · · · · · · 233
プロバイダの登録 · · · · · · · · · · · · · · · · · · · 235
フロントエンドの構築 · · · · · · · · · · · · · · · · 207
フロントエンドの設定 · · · · · · · · · · · 184, 216
フロントエンド用の仮想マシンの作成 · · · · · 204
分散リソーススケジューリング · · · · · · · · · · 254

へ

ベアメタルインスタンス · · · · · · · · · · · · · · · · 57
ベアメタルノードの追加 · · · · · · · · · · · · · · 144
ベストプラクティスの活用 · · · · · · · · · · · · · 258

ほ

ボリューム種別 · 178
ボリューム設定 · 177
本書で構築する環境 · · · · · · · · · · · · · · · · · · 40

ま

マイグレーション後の仮想マシン · · · · · · · · 246
マイグレーションプランの作成 · · · · · · · · · · 240
マイグレーションプランの実行 · · · · · · · · · · 243
マシンエミュレータ · · · · · · · · · · · · · · · · · · · 16
マニフェスト · · · · · · · · · · · · · 156, 159, 181

め

メモリ · 66

も

モダナイゼーションの推進 · · · · · · · · · · · · · · 27

ゆ

ユーザアカウントの作成 · · · · · · · · · · · · · · · · 44

よ

余剰リソース · 164

ら

ライブマイグレーション · · · · · · · · · · 145, 254
ライブマイグレーション専用ネットワーク · · · 148
ライブマイグレーションの仕組み · · · · · · · · 144

り

リソース制御 · 151
リソースの効率化 · · · · · · · · · · · · · · · · · · · 261
リソースの最適化 · · · · · · · · · · · · · · · · · · · 258
リソースのデプロイ · · · · · · · · · · · · · · · · · · 222
リソース割り当て · · · · · · · · · · · · · · · · · · · 152
リファクタ · 262
リフト · 262

る

ルートユーザの作成 · · · · · · · · · · · · · · · · · · · 41

ろ

ログと監査機能 · 255
論理ディスク · 88

わ

ワークロード · 256
ワークロードアセスメント · · · · · · · · · · · · · 255
割り当て可能なリソース · · · · · · · · · · · · · · 154

著者プロフィール

■ 石川 純平

レッドハット株式会社 – ソリューションアーキテクト
新卒で通信系 SIer に入社後、システム開発の経験を経てシリコンバレーに駐在し、テクニカルリサーチやスタートアップとの事業開発などを経験。2021 年にレッドハットに入社し、レッドハットの Kubernetes ディストリビューションである OpenShift の製品スペシャリストとして活動。CI/CD やセキュリティ、仮想化、AI と幅広い技術領域をカバーし、顧客の課題解決や提案活動に従事。

■ 大村 真樹

レッドハット株式会社 – セールススペシャリスト
新卒で通信キャリアに入社。ユーザ企業側の立場で初めてクラウドネイティブに触れる。その後は IT コンサルティング会社にて金融機関のシステム刷新プロジェクトに従事。FinTech 系メガベンチャーにて BizDev も経験。レッドハットでは「Tech のみならず Biz の目線」も大事にしながら OpenShift を中心としたプラットフォーム製品のソリューションセールスに従事。趣味も OpenShift を触ること。

スタッフ

カバーデザイン：岡田 章志＋ GY
編集・レイアウト：TSUC LLC

本書のご感想をぜひお寄せください

https://book.impress.co.jp/books/1124101080

読者登録サービス CLUB impress

アンケート回答者の中から、抽選で図書カード（1,000円分）などを毎月プレゼント。
当選者の発表は賞品の発送をもって代えさせていただきます。
※プレゼントの賞品は変更になる場合があります。

■商品に関する問い合わせ先

このたびは弊社商品をご購入いただきありがとうございます。本書の内容などに関するお問い合わせは、下記のURLまたは二次元バーコードにある問い合わせフォームからお送りください。

https://book.impress.co.jp/info/

上記フォームがご利用いただけない場合のメールでの問い合わせ先
info@impress.co.jp

※お問い合わせの際は、書名、ISBN、お名前、お電話番号、メールアドレスに加えて、「該当するページ」と「具体的なご質問内容」「お使いの動作環境」を必ずご明記ください。なお、本書の範囲を超えるご質問にはお答えできないのでご了承ください。

- 電話やFAXでのご質問には対応しておりません。また、封書でのお問い合わせは回答までに日数をいただく場合があります。あらかじめご了承ください。
- インプレスブックスの本書情報ページ https://book.impress.co.jp/books/1124101080 では、本書のサポート情報や正誤表・訂正情報などを提供しています。あわせてご確認ください。
- 本書の奥付に記載されている初版発行日から3年が経過した場合、もしくは本書で紹介している製品やサービスについて提供会社によるサポートが終了した場合はご質問にお答えできない場合があります。

■落丁・乱丁本などの問い合わせ先
FAX 03-6837-5023
service@impress.co.jp
※古書店で購入された商品はお取り替えできません。

OpenShift Virtualization サーバ仮想化 実践ガイド

2025年4月21日　初版第1刷発行

著　者　石川純平・大村真樹
発行人　高橋隆志
編集人　藤井貴志
発行所　株式会社インプレス
　　　　〒101-0051 東京都千代田区神田神保町一丁目105番地
　　　　ホームページ https://book.impress.co.jp/

本書は著作権法上の保護を受けています。本書の一部あるいは全部について（ソフトウェア及びプログラムを含む）、株式会社インプレスから文書による許諾を得ずに、いかなる方法においても無断で複写、複製することは禁じられています。

Copyright © 2025 Junpei Ishikawa, Masaki Omura All rights reserved.

印刷所　大日本印刷株式会社

ISBN978-4-295-02150-6　C3055

Printed in Japan